U0140104

從印度出發到各國餐桌，日本最受歡迎國民料理的進化故事

咖哩的世界史

カレーの世界史

前言

咖哩，如今說它是日本的國民料理也不為過。
深受大人小孩歡迎，橫跨廣泛年齡層的咖哩，也是許多人心目中最喜歡的食物。
根據大型食品公司調查，日本平均每人一年的咖哩消費量是 84 餐，也就是我們每週會有 1 ～ 2 餐吃咖哩。
即使如此，如果詢問很常吃咖哩、或自稱很喜歡咖哩的人「知不知道咖哩是如何登上人類歷史舞台？又是如何普及開來的？」能夠正確回答的人數似乎就會大幅減少。

我曾經擔任「橫濱咖哩博物館」（已於 2007 年閉館）的館長，卸任後成立了提供咖哩諮詢顧問服務的「咖哩綜合研究所」。
之後，又開辦培育咖哩專家的「咖哩大學」，長年參與咖哩的相關工作。期間，我深深感受到，世上沒有其他料理像咖哩一樣有如此深厚的底蘊。
和世上種類眾多的料理相比，咖哩擁有十分悠久的歷史。不僅可以從政治、宗教等文化面，也能從商業、健康、娛樂等實用面來理解及掌握。

咖哩受到許多事物影響，也造就許多影響，隨著其型態的調整及改變，已成為全世界都在吃的料理──這份獨一無二，沒有其他料理可相抗衡。
為了讓各位知道這些深遠的知識，我將內容聚焦在咖哩的歷史上，説得誇張一點，也就是統整了人類與咖哩的發展足跡。本書將以淺顯易懂的方式説明這些疑問：

咖哩為何會在印度誕生？
為什麼印度的地方料理會擴散至全世界？
世界各地的咖哩有什麼不同的風情？
以及，日本人是如何接受咖哩的？

或許有些人會因為《咖哩的世界史》這樣的書名覺得內容可能很艱澀。
由於本書內文的確有出現世界歷史中發生的事件與年號，可能也有人會不解「為什麼這個跟咖哩有關係？」

不過我相信，大家在閱讀的過程中便會理解，歷史上那些乍看之下毫無關連的制度與事件，其實都直接、間接影響了該國的飲食文化以至於咖哩。
本書不只有文字，也精心運用了許多插圖和照片等視覺畫面，希望讀者能輕鬆開心地獲取咖哩的知識。
編排上的安排，也讓大家不須一定要從頭讀起，可以從感興趣的標題開始享受本書。

吃咖哩時，當你訴說起它的歷史背景和淵博知識，咖哩會不可思議地變得更好吃幾十倍，這是我一路以來的切身體會。
本書中一定會有各位過去所不認識的咖哩，請務必一邊享用美味的咖哩，一邊和其他人分享你所得到的知識。

※ 本書中講述內容為 2019 年 12 月時狀況。
※ 歷史用語以《世界史用語集》（全國歷史教育研究協議會，山川出版社）為基準。

目 錄

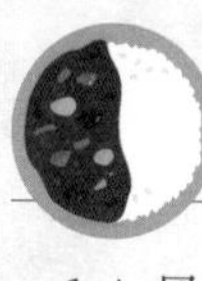

第 2 盤 咖哩的世界史

第 3 盤　世界各地的咖哩故事

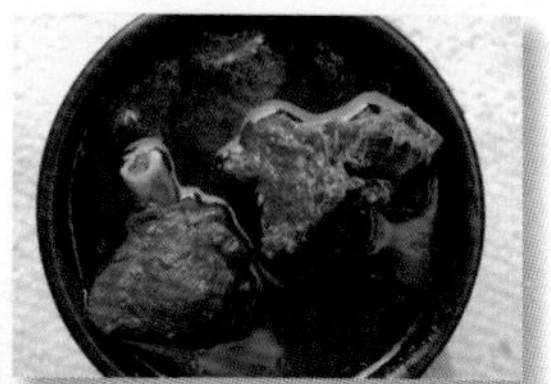

第4盤 咖哩與日本人

Curry 前菜

咖哩的基礎知識

① 所謂的「咖哩」究竟是什麼？

進入本文前，想先跟大家確認幾個咖哩的基本重點。
所謂的咖哩，究竟是什麼？
以及何謂咖哩的「構成要素」？
不是只有濃稠醬汁和白米飯的咖哩飯才是「咖哩」。

所謂的咖哩……

咖哩指的是調理過程中使用兩種以上辛香料的料理，或是以混合數種辛香料的綜合香料所製成的料理通稱。

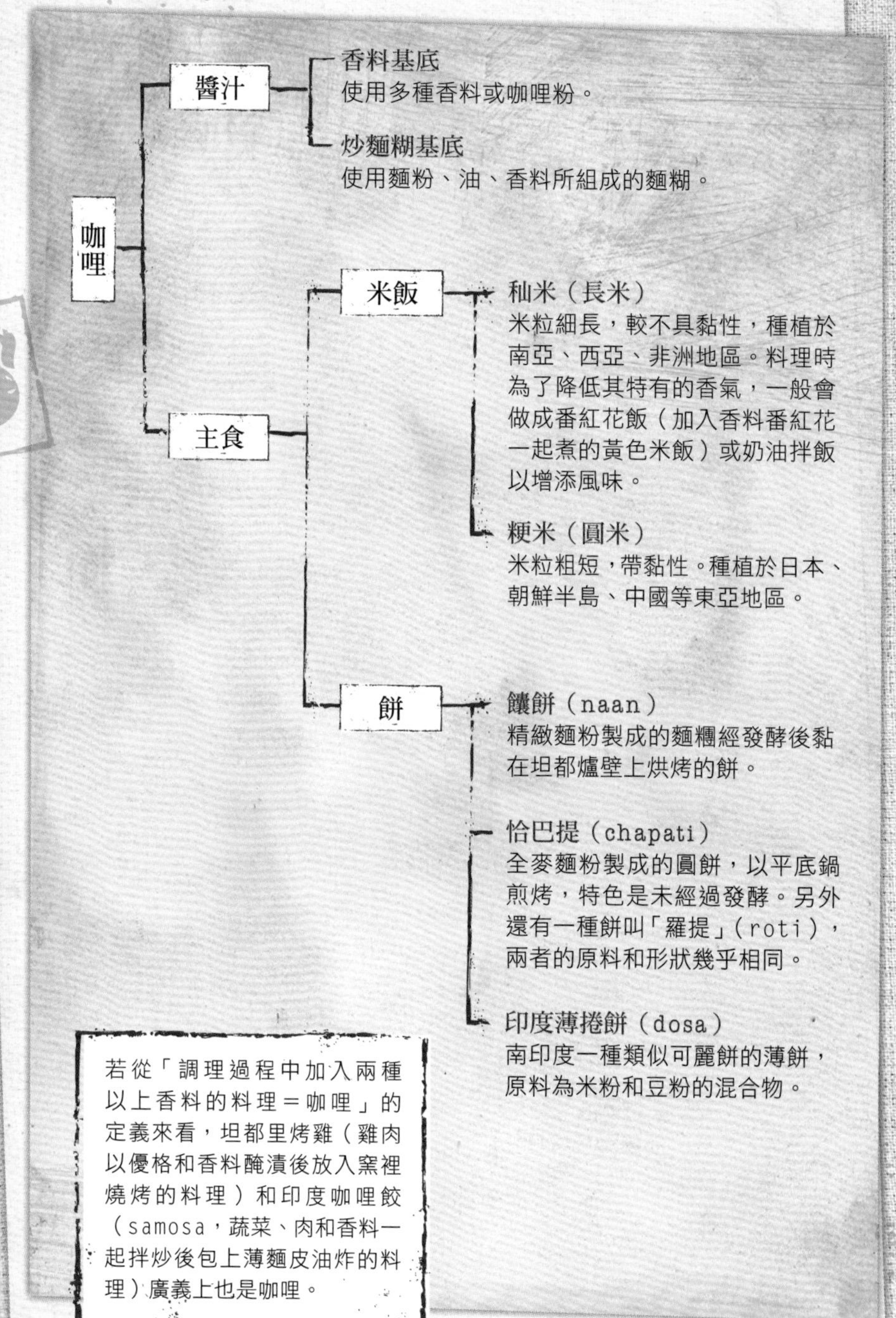
咖哩
醬汁
香料基底
使用多種香料或咖哩粉。
炒麵糊基底
使用麵粉、油、香料所組成的麵糊。
主食
米飯
秈米（長米）
米粒細長，較不具黏性，種植於南亞、西亞、非洲地區。料理時為了降低其特有的香氣，一般會做成番紅花飯（加入香料番紅花一起煮的黃色米飯）或奶油拌飯以增添風味。
粳米（圓米）
米粒粗短，帶黏性。種植於日本、朝鮮半島、中國等東亞地區。
餅
饢餅（naan）
精緻麵粉製成的麵糰經發酵後黏在坦都爐壁上烘烤的餅。
恰巴提（chapati）
全麥麵粉製成的圓餅，以平底鍋煎烤，特色是未經過發酵。另外還有一種餅叫「羅提」（roti），兩者的原料和形狀幾乎相同。
印度薄捲餅（dosa）
南印度一種類似可麗餅的薄餅，原料為米粉和豆粉的混合物。
若從「調理過程中加入兩種以上香料的料理＝咖哩」的定義來看，坦都里烤雞（雞肉以優格和香料醃漬後放入窯裡燒烤的料理）和印度咖哩餃（samosa，蔬菜、肉和香料一起拌炒後包上薄麵皮油炸的料理）廣義上也是咖哩。

② 咖哩有哪些體系？

全世界的咖哩可分為三大體系。

- 印度咖哩
- 歐風咖哩
- 日式進化咖哩

這三種咖哩儘管外型相似，實際上卻截然不同。
以下將說明這三大類咖哩各自的特色和詳細分類。

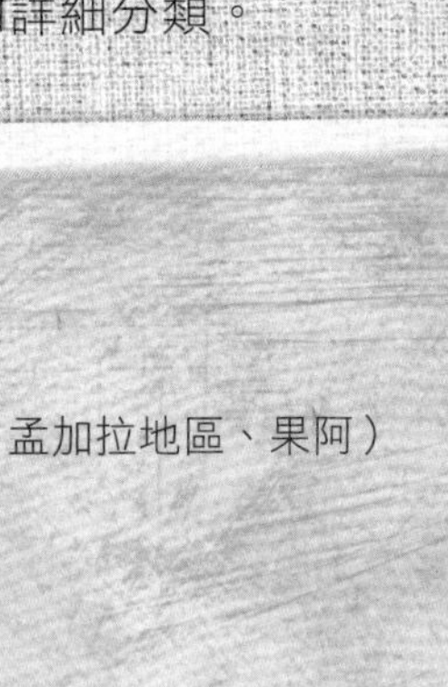

印度咖哩

- 印度咖哩（北印度、南印度、孟加拉地區、果阿）
- 亞洲咖哩
  - 泰式咖哩
  - 印尼咖哩
  - 越南咖哩
  - 中式咖哩
  - 其他（緬甸、馬來西亞等）

由於東南亞咖哩是印度人帶往該地的咖哩經調整改良後的產物，因此與印度咖哩放在同一譜系。印度咖哩及亞洲咖哩的特色請分別參考第 30 頁與 108 頁後的內容。

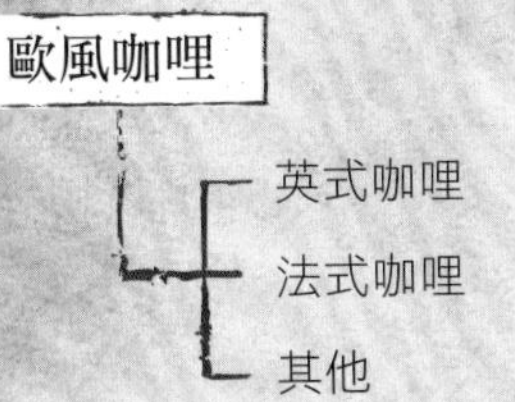

歐風咖哩主要指英式咖哩，和日本一樣以米飯搭配食用為特徵，詳情請參考第 122 頁。

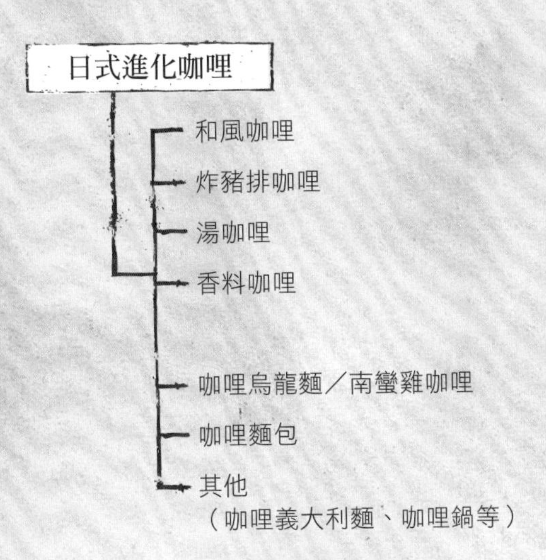

既非印度咖哩也非歐風咖哩，而是在日本走出自己特色的咖哩，有適應日本飲食文化而生的和風咖哩以及活用在地特性的湯咖哩等。

③ 印度人都吃什麼咖哩？

說到「印度咖哩」，很多人都會想到咖啡色咖哩搭配饢餅的畫面吧？那麼，印度人在這種咖哩中加了什麼材料呢？
由於各個地方和家庭在咖哩內加的材料都有所不同，即使是「印度咖哩」，種類也十分龐大，以下挑選出幾樣代表性的咖哩。

基本型

chicken
雞肉

butter chicken
坦都里烤雞
奶油

keema
絞肉

mutton
羊肉

這是日本人也熟知的四種咖哩。在印度，由於宗教因素，咖哩內幾乎不會放牛肉和豬肉，用肉時會選擇雞肉或羊肉，南方咖哩則多放海鮮或豆類。

奶油咖哩雞

saag 咖哩

變化型

korma
乳製品
堅果泥

pork vindaloo
豬肉
醋、大蒜

saag
菠菜

vegetable
蔬菜

pork vindaloo這道咖哩源於葡萄牙，由於果阿邦有許多天主教徒，料理中會使用豬肉。korma 是以優格、鮮奶油、堅果泥醃漬肉塊的一種咖哩。

什麼是印度香飯？

印度香飯（biryani）是印度及其周邊國家常吃的一種蒸飯，在米中拌入各種香料、醃漬過的肉（或是魚、蔬菜）、大蒜、薑等製成。儘管印度香飯源於伊斯蘭教，如今卻不侷限於宗教受到大眾喜愛，經常和咖哩一起端上桌。

SPICES

④ 咖哩加了什麼香料？

咖哩有種能勾人「食欲」的獨特香氣，這種香氣的基礎元素就是各種香料。
以下集合了幾種印度咖哩的必備標準香料（香料的詳細說明請參考第 58 頁）。

薑黃

薑黃是形塑咖哩獨特顏色的基礎香料，在日本，大家熟悉的名字是「鬱金」。加熱後可減少其特殊的土味。

主要產地：印度

孜然

擁有令人聯想到「咖哩香」的香氣，是種植歷史最悠久的香料之一，也是非洲、南美等民族風味料理中不可或缺的食材。

主要產地：印度、伊朗

香菜籽

香氣清甜濃郁，用來做香料的香菜籽取自植物的果實部位，葉子部位則稱為香菜。香菜葉和果實的香氣、味道截然不同。

主要產地：摩洛哥

辣椒

增添辣味的香料，也就是所謂的紅辣椒。全世界的辣椒品種超過 3000 種。大航海時代由哥倫布於西印度群島「發現」。

主要產地：中國、韓國、印度等地

肉桂

香氣甘甜優雅，也用於製作甜點。用做香料的肉桂取自樹皮部位。古埃及人也以肉桂做為木乃伊的防腐劑。

主要產地：斯里蘭卡、越南等地

胡椒

料理中用以增添香氣、辣味、除臭。根據不同加工方式做成白胡椒、黑胡椒、綠胡椒等。

主要產地：馬來西亞、印度等地

小荳蔻

清新的刺激感和微微柑橘香，被譽為「香氣之王」，微量便能具有強烈香氣，是價格僅次於香草莢和番紅花的知名昂貴香料。

主要產地：印度

番紅花

可將料理染黃。10 公克的番紅花香料需要 1500 朵以上的花來製作，製作過程全為手工，十分昂貴。

主要產地：印度、西班牙等地

丁香

強烈刺激的香氣中伴隨甜味，含在口中可感受到麻麻的辣味與苦澀，可減少肉腥味。

主要產地：馬達加斯加、桑吉巴群島等地

（照片來源：好侍食品）

⑤ 咖哩粉裡有什麼？

所謂的咖哩粉，指的是用孜然、小荳蔻、薑黃等 20 種以上的香料和香草所製成的混合香料。

在咖哩粉中加入凸顯鮮味的調味料（鹽、乳製品、濃縮肉汁）與麵粉攪拌，再以奶油或橄欖油拌炒，即成所謂的咖哩塊。

咖哩粉是英國人為了在自己國家製作咖哩而調配出的產物，印度並沒有咖哩粉的存在。

在印度，人們使用的是一種混合了其他 3 ～ 10 種香料，名叫「瑪莎拉」（garam masala）的混合香料。

咖哩粉和瑪莎拉所用的香料沒有太大區別，關鍵性的不同在於是否有加薑黃。瑪莎拉混合香料的目的是增添香氣和辣味，沒有加薑黃。

咖哩粉的成分（以愛思必食品「特製咖哩粉」為例）

薑黃、香菜籽、孜然、葫蘆巴、胡椒、紅辣椒、陳皮等。（引自愛思必食品官網）

※ 實際上是由 30 種以上的香料與香草調配而成，此處只列舉了一部分。

（照片提供：愛思必食品）

{參考網站}

愛思必食品「咖哩粉與瑪莎拉混合香料的差別」：
https://www.sbfoods.co.jp/sbsoken/supportdesk/005.html
全日本咖哩工業合作社「學校營養午餐與咖哩」：
http://www.curry.or.jp/knowledge/index.html

Curry

第1盤

印度與咖哩

印度料理是「混合」文化

國家不同，飲食文化特色也有所不同，料理上重視何種工法也有很大的差異。

舉例來説，西式料理重視使用鍋子的「燉煮」，另一方面，中華料理重視的則是運用火侯的「炒」，甚至在形容利用高溫瞬間炒菜的做法時會改變文字，不用一般的「炒」，而是以「爆」來表現。

至於日式料理，重視的應該就是「切」吧。據説，想在日本廚師修業中獨當一面，需要 10 年的時間。

那麼，印度料理又是如何呢？

印度料理被稱為「混合」的文化，以石臼研磨香料，將重點放在如何調配。可以説，香料的種類和數量以及不同的搭配直接造就一道菜的味道。

這些香料五花八門，包含具有辣味元素的辣椒、香氣濃郁的孜然籽和茴香、兼具獨特香氣與甜味的肉桂等等。印度料理的味道就是由這些香料錯綜複雜交織而成。

不同地區的人喜歡的味道不同，香料的配方也會改變。北印度傾向享受複雜的香氣，料理沒那麼辛辣；相反的，南印度料理的特色是辣到會噴汗；東邊孟加拉地區的料理則是日本人也容易入口的溫和滋味。

重視什麼工法？

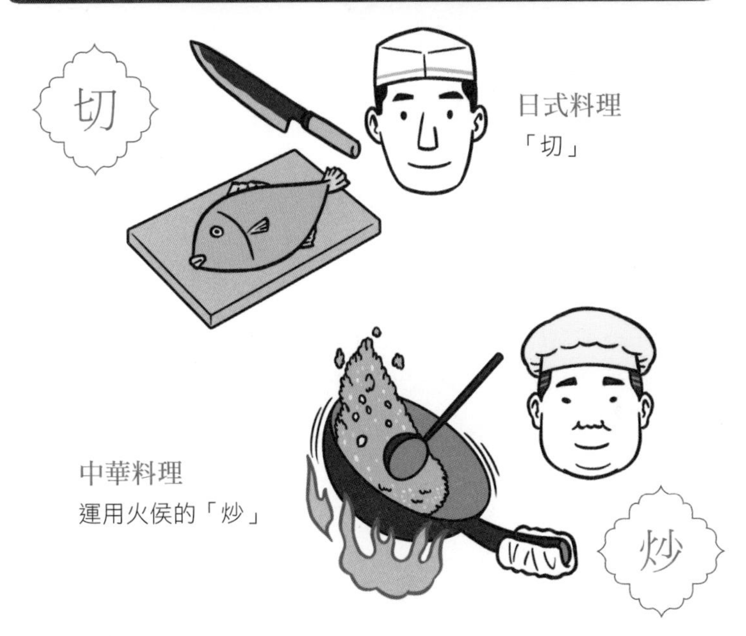

日式料理
「切」

中華料理
運用火侯的「炒」

西式料理
使用鍋子的「燉煮」

印度料理

挑選喜歡的香料，研磨混合。在印度，各個家庭料理中添加的香料數量和種類皆不相同，每個家庭都有獨門配方。

人們是從什麼時候開始吃咖哩的？

印度人是從什麼時候開始吃咖哩的呢？大家或許會失望，其實，這個問題並沒有明確的答案。

古印度人並沒有在紙上以文字記錄的習慣，而是以口傳的方式傳承訊息。其中最典型的，當屬《吠陀經》（The Vedas）。

《吠陀經》是大約在西元前 1000 ～ 500 年間編纂的婆羅門教宗教經典，分為《梨俱吠陀》、《娑摩吠陀》、《耶柔吠陀》、《阿闍婆吠陀》四部。四部經典又分別由以讚歌、祭詞、咒句為主體的《吠陀本集》（*Samhita*）和《奧義書》（*Upanishad*）所構成。

令人驚訝的是，《吠陀經》從古印度時代以口耳相傳的方式正確傳承到了現代。

在這樣的文化基礎下，印度人並不會以文字詳加記述全盤的生活紀錄。因此，關於印度人是從什麼時候開始吃咖哩這件事並沒有留下確切的資料。

不過，這個問題也不是全無頭緒。關於這點，我稍後再詳細說明。

★ 香料的運用始於 5000 年前

如果咖哩的起源不確定的話，那麼咖哩中不可或缺的香料是何時進入印度飲食文化的呢？

我們知道，在世界四大文明之一的古印度文明時代，人們已經在飲食中運用多種香料。

其中，黑胡椒於西元前 3000 年，也就是距今 5000 年前在古人的飲食生活中登場。

羅馬帝國時期留下的紀錄顯示，胡椒是帝國和印度交易中重要的進

印度的飲食文化史

古印度文明	西元前 3000 年	●食用牛、羊、豬肉、豆類、五穀雜糧。
吠陀時代	西元前 1200 年	●種植薑黃、薑、大蒜等香料，也用於料理中。 ●南印度種植胡椒和小荳蔻。
佛陀時代	西元前 563 年～	●佛教無飲食禁忌，但有規定飲食「方法」。 ●修行中的佛陀吃了村婦蘇珈達（Sujātā）製作的乳糜粥後重拾活力。 現在的印度人也經常將乳糜粥做為甜點。
孔雀王朝時代	西元前 268 年～	●第三代君主阿育王統一印度。 ●原產於地中海沿岸的香菜籽、孜然籽、番紅花、罌粟等香料被納入印度飲食生活中。

口貨物。

不同文化間的交流越興盛，飲食文化也會越豐富。孔雀王朝的第三代君主阿育王以幾乎一統印度次大陸而聞名，另一方面，他也是積極讓印度栽培香菜籽、孜然、番紅花等原產於地中海沿岸香料的人。

★ 留在旅行家書籍中的咖哩（？）紀錄

有段資料可以得知印度人過去曾會吃「類似咖哩的食物」。

斯里蘭卡於 5 世紀編纂而成的史書《大史》（*Mahavamas*）中記載，來自印度東北部孟加拉地區的毘闍耶（Vijaya）王一行人吃飯時搭配 supa（研磨種子製成的醬汁）食用。

不過，並不確定這是否就是咖哩的原型。

14 世紀遊歷中國的阿拉伯旅行家伊本．巴圖塔（Ibn Battuta）也在其著作《遊記》（*The Rihla*）中提到「類似咖哩的食物」。

伊本．巴圖塔於書中記述，果阿的伊斯蘭教徒招待他在家中吃飯，享用加了酥油（印度料理中經常使用的奶油）的米飯和以酥油與乳製品烹調的蔬菜料理。

此外，15 世紀中國明朝旅行家馬歡所著的《瀛涯勝覽》（關於東南亞及印度洋沿岸各國的地理誌）中也寫到，印度南方人會吃一種將酥油拌在飯裡的食物。

★ 民族的移動與咖哩的普及

另一方面，我們也能從民族的角度探尋咖哩誕生的契機。米和胡椒是構成咖哩的重要元素，有種植稻米、使用胡椒習慣的是南亞語系族群，如今散布於東南亞至印度東部、孟加拉一帶。

此外，北印度食物中經常使用乳製品，將這個習慣帶入北印度的，

印度的飲食文化史

伊斯蘭的影響	8 世紀～	●阿拉伯商人與鄂圖曼土耳其軍隊等外來民族帶來了伊斯蘭的飲食文化。 ●印度咖哩餃和印度香飯出現於此時。
蒙兀兒帝國成立	16 世紀	●坦都里烤雞等印度現在的代表性食物原型誕生。
航海時代	17 世紀以後？	●哥倫布於新大陸「發現」的辣椒傳入歐洲後再引進印度。

阿育王
（西元前 304 ～ 232 年）
孔雀王朝第三代君主，統治疆域囊括現在的印度（除了南端）、巴基斯坦和孟加拉，也以悉心保護佛教而著稱。

是如今分布在西藏至喜馬拉雅山、中國西南部等地的藏緬語族。

滲透南印度的香料擴散至北印度，滲透北印度的乳製品擴散至南印度，最後，變成全印度都在吃咖哩，其背後的因素也與這樣的民族動向有關。

順帶一提，關於乳製品還有這樣一個故事——

嚴格苦行、持續斷食的佛陀在吃了名叫蘇珈達的女孩所供奉的乳糜粥（以牛奶熬的粥）後活了下來。

乳糜粥不僅頻繁在佛教經典中登場，如今也依然以 payasam、kheer 等名字保留在印度料理中。

或許，佛陀的故事與乳製品在北印度的普及有某些關連也不一定。

★ 留在寺院碑文上的咖哩食譜

雖然本篇開頭說古代沒有關於咖哩的明確紀錄，但並非全然沒有「線索」。

接下來，就讓我介紹歷史學家辛島昇教授在其著作《印度咖哩紀行》（岩波 junior 文庫）中所寫的調查成果吧。

所謂的線索，指的是南印度兩座寺廟留下來的 9 世紀碑文。順帶解釋一下，碑文指的是刻在石頭或銅板上的文字。

第一個線索是南印度阿姆巴薩穆德拉姆（Ambasamudram）村寺廟留下來的碑文。碑文上記載了獻給神明的「貢品」材料與製作方式。材料除了前述的酥油外，還有粗糖 jaggery、優格、香蕉等。其中，有一道叫「kootu」的料理，是由優格和一種名為「kayam」的調味料製作而成。

kayam 的材料紀錄一樣位於南印度，刻在蒂魯琴杜爾（Tiruchendur）村寺廟的碑文中。碑文上寫到，調味料中加了胡椒、薑黃、孜然、芥末、香菜籽。據說，當辛島教授在別的機會下詢問認識的印度人「咖哩不可或缺的香料是什麼？」時，對方舉出來的正是上述這五種香料。

也就是說，我們應該可以認定，印度在 9 世紀時已經存在著近似咖哩的食物了。

北印度、南印度的咖哩特色

印度料理的特色大致分為北方、南方、孟加拉、果阿四大區域。

屬於小麥文化圈的北印度以饢餅和恰巴提等餅類為主食，使用牛奶、優格等乳製品。

位於稻米文化圈的南印度則以米飯為主食，經常食用椰奶、蔬菜、豆類和魚。受素食主義的印度教影響，豐富的蔬食料理也是南印度飲食的一大特色。

另一方面，印度東部的孟加拉地區經常拿淡水魚燉煮、熬湯，或是用蝦子、螃蟹、土魠魚、北鯧等深海魚入菜。

至於果阿，由於曾受葡萄牙統治，飲食文化方面也受到強烈影響。果阿現在仍有許多天主教徒，因此，在絕大多數居民都是印度教徒的印度，是難得能吃到豬肉的地方。

香料的用法也因地區有不同特徵。

北印度喜歡孜然、肉桂和香菜籽，南印度偏好黑芥末籽和咖哩葉，孟加拉地區則是經常使用「panch phoron」這種添加了孜然和茴香的混合香料。

★ 北印咖哩濃稠，南印咖哩清爽

料理特色不同，咖哩種類也會隨之改變。盛產小麥的北印度一般吃咖哩配餅。

這些餅以恰巴提（無發酵的薄煎餅）為主，種類五花八門，食用時撕下來，裹上咖哩直接放入口中。因此，北印度咖哩自然而然演變成黏稠、容易沾附麵餅的樣貌。

另一方面，南印度咖哩多為清爽的湯汁，以突出的辣度為特色。

北吃餅，南食米

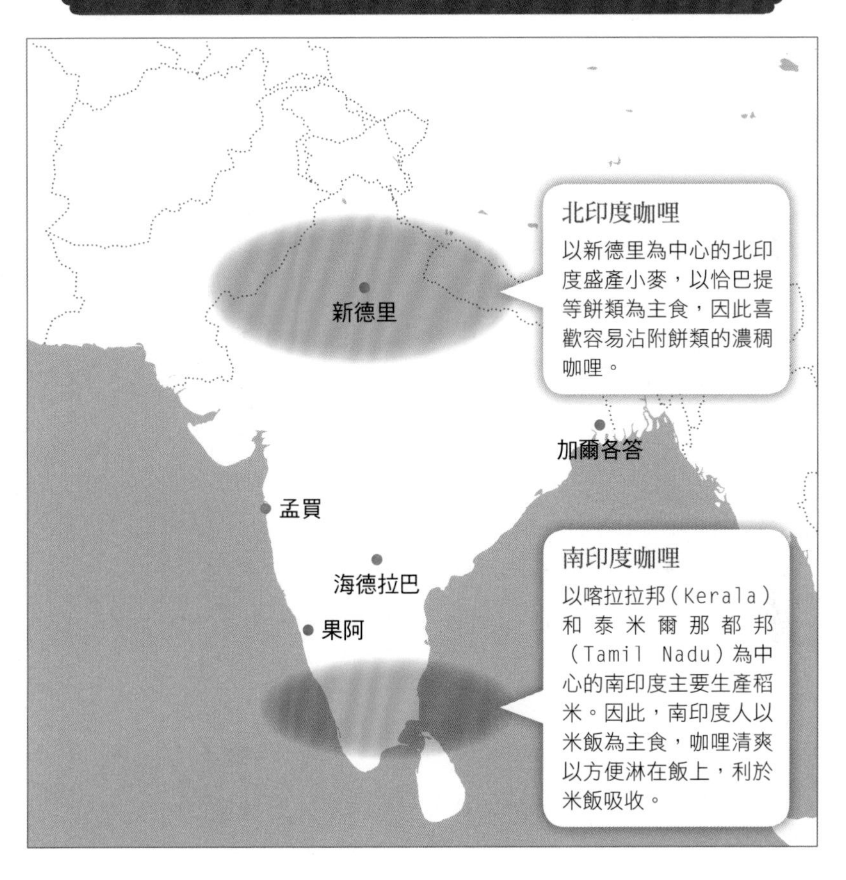
北印度咖哩
以新德里為中心的北印度盛產小麥，以恰巴提等餅類為主食，因此喜歡容易沾附餅類的濃稠咖哩。
新德里
加爾各答
孟買
海德拉巴
果阿
南印度咖哩
以喀拉拉邦（Kerala）和泰米爾那都邦（Tamil Nadu）為中心的南印度主要生產稻米。因此，南印度人以米飯為主食，咖哩清爽以方便淋在飯上，利於米飯吸收。

孟加拉地區、果阿的咖哩特色

孟加拉地區常吃的是海鮮咖哩。

這個地區的居民喜歡鯉魚等淡水魚，家家戶戶都很習慣料理魚，切魚、去魚鱗是家常便飯。

以鯉魚為例，剁塊後，先以薑黃和鹽消除獨特的腥味，再加入少許香料燉煮。完成的鯉魚湯熬出高湯滋味，是日本人喜歡的口味。

順帶一提，孟加拉地區和南印度一樣以米飯為主食，因此咖哩是配飯一起吃。

果阿因歷史因素，受葡萄牙料理影響深厚。此一地區的咖哩醬汁綿密滑順，辣度溫和，可說是對日本人十分友善的咖哩。

★ 源自葡萄牙的 vindaloo

果阿料理中最著名的就是又酸又辣的「vindaloo」咖哩。

vindaloo 在日本的印度餐廳也是必定會出現的經典菜色，或許有不少人都吃過。

vindaloo 是將葡萄牙料理中大家熟悉的「carne de vinha d'alhos」（酒蒜燉豬肉）改良成符合印度人口味的一道菜，以雞肉或羊肉代替豬肉，椰子油取代紅酒，再加入辣椒等大量香料。

★ 煮咖哩不可或缺的酥油

咖哩料理中不可或缺的元素就是「油」。

這點也因地區展現出分明的特色。

印度西北部主要使用液態奶油的酥油（可參考第 28 頁），東印度是芥末油，以喀拉拉邦為中心的南印度則使用椰子油。

孟加拉魚咖哩，果阿葡式風味

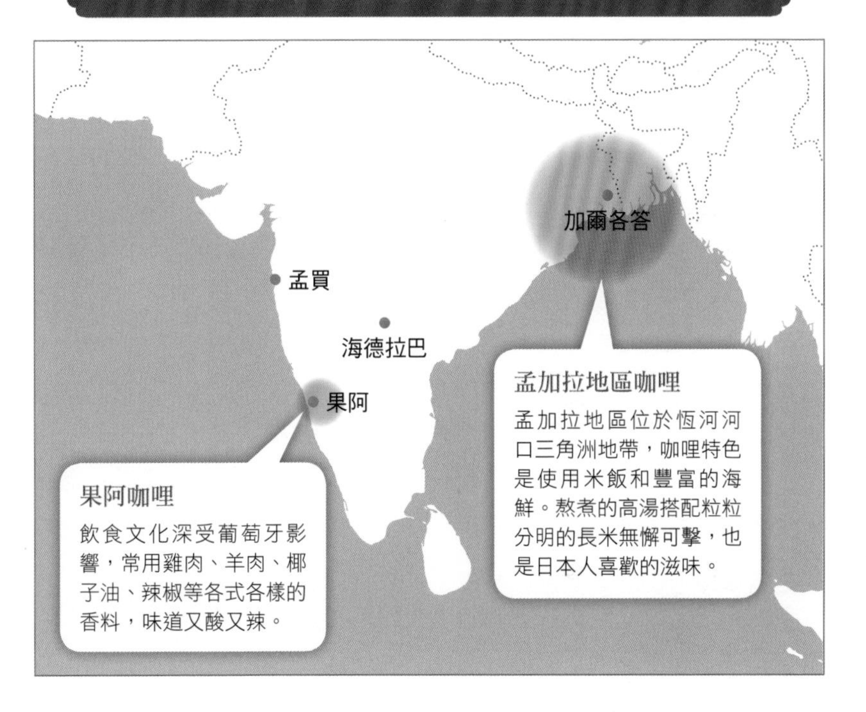

據說，印度國產牛乳中有45%用來生產酥油。上述三種油當中，酥油又是跨越地域，煮咖哩時不可或缺的油品。

「飲食禁忌」如何改變咖哩？

印度有印度教、伊斯蘭教、天主教、錫克教、耆那教、佛教等各式各樣的宗教信仰。

其中，信徒最多的是印度教，教徒占總人口的79.8%，其次是伊斯蘭教（14.2%）、天主教（2.3%）。（引自日本外務省統計資料）

印度教徒遵循西元前200～後200年成立的《摩奴法典》教義，將牛奉為神聖的動物而不吃牛肉。

此外，由於印度教和伊斯蘭教一樣視豬為「不潔的動物」，因此也不吃豬肉。

另外，蔥、蒜、韭、蕗蕎、洋蔥也都禁止食用。

由於印度教本來就以不殺生為教義中心，因此大部分教徒都吃素。

嚴格奉行吃素的人當中，還有人會避免在料理時使用碰過肉的器具。

不過，遵守如此嚴格戒律的人主要都是高種姓（關於種姓請參考下篇）的婆羅門（僧侶）階級。因此，階級越低，吃葷者的比例越高。

★ 伊斯蘭教與耆那教的禁忌

教徒人數僅次於印度教的，是伊斯蘭教。

伊斯蘭教規定豬為不潔的生物，因此教徒絕不吃豬。

不只是豬肉，連豬骨和豬皮熬的湯（包括粉末）也是需要避諱的食物。

耆那教的成立時間幾乎與佛教同時。

耆那教徒占印度總人口0.4%，雖不算多，但其徹底的不殺生（ahimsa）主義卻值得注目。

各宗教中的肉食禁忌

各宗教都由教義規定出不能吃的食材，咖哩不會使用這些食材。

濕婆

印度教中最具影響力的三大神祇之一，濕婆。濕婆專司「破壞」，坐騎為乳白色的公牛「南迪」。因此，牛在印度教中被奉為神聖的存在。

耆那教嚴格戒律信徒「凡有生命者皆不可傷害」。

耆那教徒不只禁吃牛、豬等肉食，也不能食用洋蔥、馬鈴薯、大蒜等根莖類蔬菜。因為在挖掘這些蔬菜時可能會誤殺其他生物。

★ 餐廳也分兩類

在印度，宗教就是這樣深植於人們的生活中，因此，料理食材也受到各式各樣的「制約」。咖哩當然也不例外。

印度咖哩使用雞肉、羊肉、山羊肉即是為了避免觸犯宗教禁忌。

此外，會有豆類和蔬菜咖哩，也是因為即使嚴格程度不一，仍有許多宗教禁止殺生的緣故。

實際上，印度有許多人吃素，一些餐廳為了避免素食者混淆，會準備素食與非素食兩種菜單。

★ 喝酒對印度人而言是一種罪？

另外，「喝酒」在印度社會屬於一種禁忌。

過去，我前往印度調查咖哩時在街上買了瓶 Kingfisher 啤酒，店員是用報紙包起來交給我的。印度人即是如此嚴厲看待喝酒這種行為。

這與其說是宗教禁忌，更偏向道德問題。因為印度人視喝酒為一種「罪」，這也跟政府的嚴格規定有關。當然，外國人可以在飯店等地方自由飲酒，不過，邊喝啤酒邊吃咖哩在印度似乎不是件容易的事。

印度的宗教人口比例

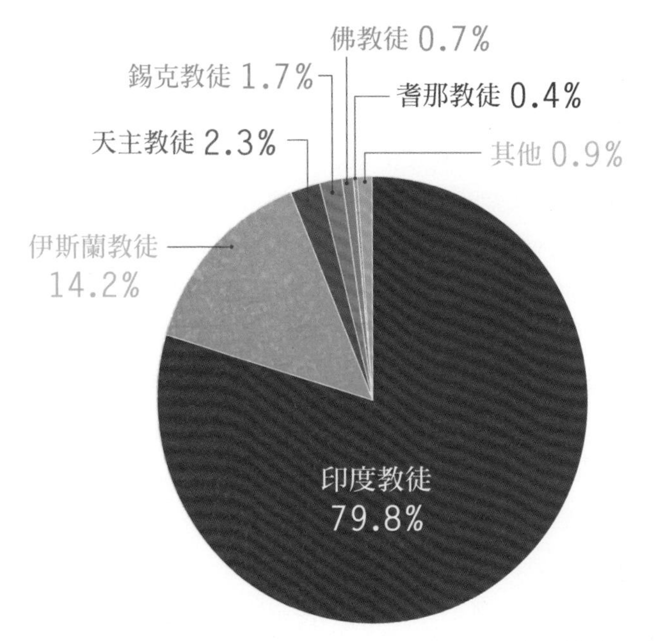

※ 製圖資料來源：日本外務省

印度教占壓倒性多數。耆那教以嚴格奉行不殺生、禁欲主義而著稱。錫克教是 16 世紀時由那納克所創立的宗教，在眾多宗教中相對年輕。佛教雖然發祥於印度，但印度現在的佛教徒不到總人口的 1%。

受種姓制度束縛的飲食規定

眾所周知，印度社會存在著名為「種姓制度（瓦爾納〔verna〕、迦提〔jati〕制）」的身分階級制度。

這是占印度人口約 80%的印度教制度，如今依然對人們的生活影響深遠。

種姓制度中最廣為人知的是「瓦爾納」的四種階級。其中階級最高的，是包含僧侶在內的「婆羅門」。

第二級是王和武士等人的「剎帝利」，第三級是商人階層的「吠舍」，第四級是從事農務勞動的「首陀羅」。

比這四個階級更低等的，是被稱為達利特（不可觸碰者）的一群人。他們處於貧窮的環境，遭到嚴重的歧視。

種姓為世代繼承，大家一般也都在同一階級內選擇婚姻對象，因此，與生俱來的種姓基本上無法改變。

★ 種姓制度也影響食物

階級也與飲食生活密切相關

印度教在飲食上追求「潔淨」。

最高階的婆羅門將吃肉視為「汙穢的行為」，許多人徹底奉行素食主義。

不過，中階的種姓會吃雞和魚等肉類，這樣的飲食習慣也深深影響了日常的飲食內容（當然包含咖哩）。

如今依然留存在印度社會中的種姓制度

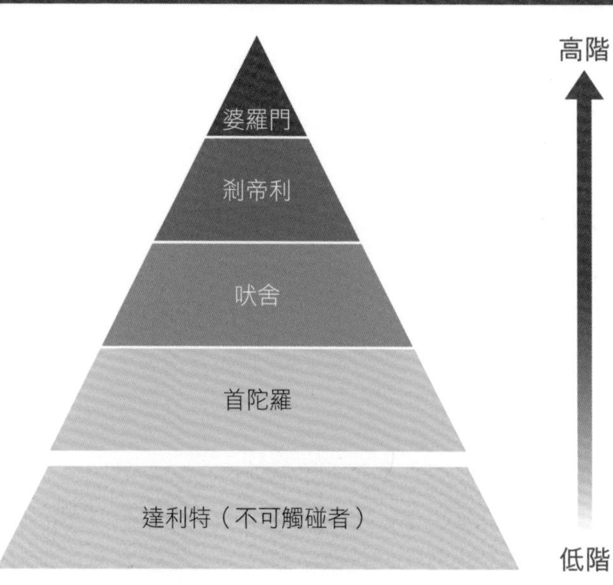

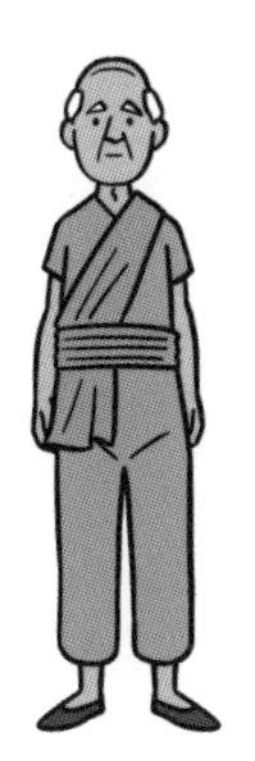

婆羅門
祭司、僧侶

剎帝利
王公、武士

吠舍
商人、平民

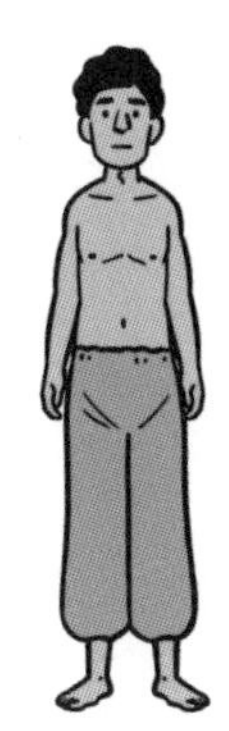

首陀羅
體力勞動者、奴隸

★ 階級越高身材越胖？

種姓的影響不限於「食物」。

舉例來說，像是婆羅門不吃低種姓做的菜，嘴巴也不會觸碰低種姓喝過的保特瓶。人們不會跟種姓較自己低的人一起用餐。

不同種姓的人也不會使用同一個盤子，即使低種姓用的盤子以清潔劑仔細清洗過，也還是會被視為「不潔」之物，種姓界線壁壘分明。

烹調食物的方法也是一樣的觀念。

在印度，烹調食物的方法分為「pakka」和「kaccha」，「潔與不潔」的程度各不相同。「pakka」是利用油煎炸、烹煮的料理，十分潔淨。

相反的，「kaccha」沒有用油，被視為純淨度低。因此，若不是由婆羅門或相同種姓的人烹調就不能吃。

這種觀念也明顯反映在各種姓的體型上。由於種姓越高者所吃的食物越常使用油，因此高種姓有很多肥胖的人，低種姓不用油，體型纖瘦者居多。

結果，許多高種姓罹患成人病，成為印度嚴重的社會問題。

種姓的禁止事項

不吃種姓較自己低者做的菜。

不與種姓不同者一起用餐。

種姓不同者用過的餐具即使清洗過也不使用。

其他人從大盤子裡取出的東西即使沒沾口也不會吃。

豐富印度料理的伊斯蘭飲食文化

蒙兀兒帝國是統治印度次大陸絕大部分土地（除部分南印度）長達 330 年（1526 ～ 1858 年）的伊斯蘭王朝。

自建國者巴布爾（Babur）之後，蒙兀兒帝國以其強大的軍事能力為後盾，不斷擴張領土，於 17 世紀後期奧朗則布（Aurangzeb）時代到達顛峰，18 世紀後因英國和法國的入侵而衰弱。1858 年滅亡。

蒙兀兒帝國疆域內的人口與現在的日本差不多，約 1 億～ 1 億 5 千萬人，全盛時期與中國明朝並駕齊驅，坐擁世界首屈一指的豐饒富庶。

蒙兀兒宮廷對外開放門戶，柔軟地接納他國文化，使得本來依附波斯（今伊朗）文化的宮廷文化融合了占印度大多數的印度教與中亞文化，形成獨特的文化。

其中最具代表性的例子應該就是泰姬瑪哈陵了。這座建於 17 世紀的白色陵墓，是舉世聞名的印度伊斯蘭建築傑作。

★ 印度料理的源頭是蒙兀兒帝國

印度歷經蒙兀兒帝國歷代君王的治世，飲食文化也大大受到伊斯蘭文化影響，這樣的變化成為現在印度料理的基礎。

蒙兀兒帝國傾向對外開放，不只印度，也採納了中亞、波斯等地的食材和烹調方式。

蒙兀兒料理正是這種融合百家飲食文化的料理。現在不論日本國內或海外，被視為印度料理的菜色，很多都能追溯至蒙兀兒料理。

巴布爾──這位據說母系血緣是成吉思汗後代的蒙兀兒帝國開國皇

蒙兀兒帝國的興衰

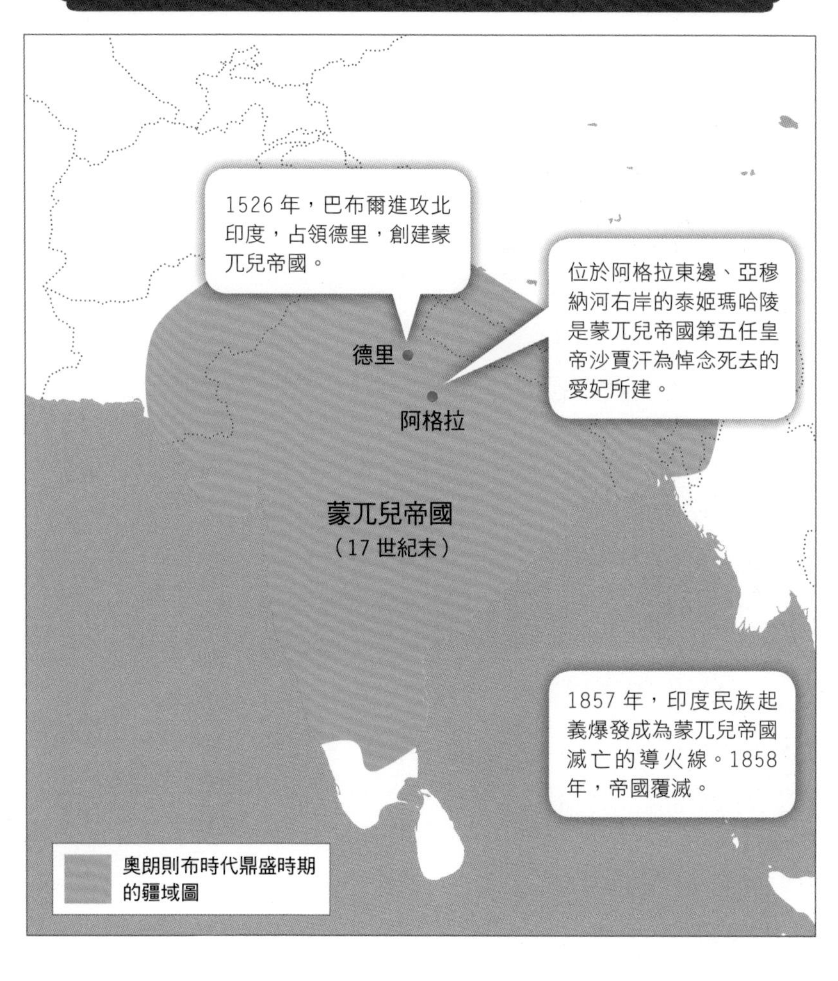
1526 年，巴布爾進攻北印度，占領德里，創建蒙兀兒帝國。
位於阿格拉東邊、亞穆納河右岸的泰姬瑪哈陵是蒙兀兒帝國第五任皇帝沙賈汗為悼念死去的愛妃所建。
德里
阿格拉
蒙兀兒帝國
（17 世紀末）
1857 年，印度民族起義爆發成為蒙兀兒帝國滅亡的導火線。1858 年，帝國覆滅。
奧朗則布時代鼎盛時期的疆域圖

帝，對印度食物懷有強烈不滿，曾經吐露：「（這裡）既沒有好吃的肉也沒有葡萄、哈密瓜這樣的水果。」

另一方面，第三任皇帝阿克巴（Akbar）則嘗試融合印度文化，最後，創造了蒙兀兒料理的典型——印度香飯（可參考第 17 頁）。

印度香飯的特徵是優雅的調味，將香料味道強烈的辛辣食材拌在類似抓飯（pilaf）的波斯料理「pulao」中，大受印度人歡迎，是如今也經常在婚宴中登場的一道菜。

此外，波斯人為了有效運用腐壞的肉，會將肉切碎後食用。也有人說，這種碎肉融合香料便創造出了乾咖哩（keema curry）。

到了第四任皇帝賈汗季（Jahangir）的時代，出現了「rogan josh」這道菜。rogan josh 其實就是燉肉，本來是波斯料理，之後加入了喀什米爾（Kashmir）當地香料，演變成帶有自己風格的一道菜。

沙賈汗（Shah Jahan）皇帝在位時誕生的料理是「海德拉巴香飯」（Hyderabadi biryani）——將烤肉裹上添加香料的優格，再以咖哩葉、辣椒、羅望子、椰子等調味，被譽為頂級印度香飯。

18 世紀後，英國拓展印度的殖民地統治。此時，蒙兀兒帝國勢力漸衰，各地紛紛成立「土邦國」，擁有一定的自治權。其中，蒙兀兒料理在北印度的奧德（Oudh）又有了更進一步的改變。

最具代表性的例子就是「korma 咖哩」。這道料理將奧德農產豐饒區收穫的產物加入當地人喜愛的鮮奶油，製成奢華的咖哩。

蒙兀兒帝國歷代皇帝

在位期間：1526～1530年

巴布爾

- 曾對印度食物吐露強烈不滿，稱其「既沒有好吃的肉也沒有葡萄、哈密瓜這樣的水果。」

在位期間：1556～1605年

阿克巴

- 印度香飯（波斯式蒸飯，蒙兀兒料理的典型）誕生。
- 乾咖哩（在絞肉中加入香料製成的咖哩）誕生。

在位期間：1605～1627年

賈汗季

- rogan josh（波斯式燉肉）誕生。

在位期間：1628～1658年

沙賈汗

- 海德拉巴香飯（頂級印度香飯）誕生。
- korma 咖哩（使用鮮奶油的奢華咖哩）誕生。

傳統醫學主張的食物與身體關係

阿育吠陀是印度自 5000 年前流傳下來的古典醫學，最近在日本聽人提起的機會也變多了，應該也有讀者聽過吧。

阿育吠陀的「阿育」指的是生命、壽命，「吠陀」的意思是學問、知識。阿育吠陀即是一門追求人們從誕生到死亡前如何健康生活的醫學。

其中，與「吃」相關的知識也很受到重視。

阿育吠陀的基礎著重維持飲食營養均衡，也就是預防醫學。

★ 維持體內平衡的三種性質

2 世紀左右，遮羅迦醫生重新編輯了一部阿育吠陀醫書──《遮羅迦集》（*Charka Samhita*）。

書中主張，我們的體內擁有「vata」（風能）、「pitta」（火能）、「kapha」（水能）三種 dosha（機能、性質），當這三種能量平衡，身體才能保持健康。

「風能」、「火能」、「水能」不只存在於我們體內，也見於食物之中。為了維持這三種能量的平衡，印度人很重視料理要加什麼食材。

這裡要注意的，就是香料。

香料不只能調味，在維持健康方面也備受重視。在這層意義上，阿育吠陀和提倡「藥食同源」的中醫也有相通之處。

阿育吠陀的世界觀

kapha（**水能**）

結合、同化
以唾液等賦予食物黏性，結合。

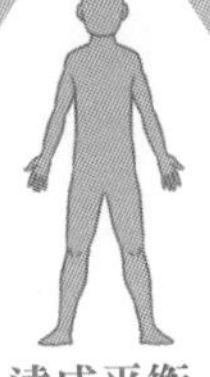

消化、代謝
以胃液等消化食物，燃燒。

搬運、排泄
以動能將食物從嘴巴搬運到肛門。

pitta（**火能**）

vata（**風能**）

達成平衡
即能維持健康

體型、體質特徵

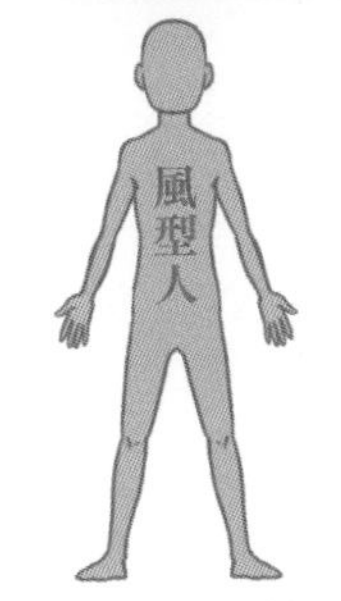

身材纖細的人屬於風型人。由於風能具有搬運食物的作用，因此風型人較容易罹患循環系統或腦血管疾病。

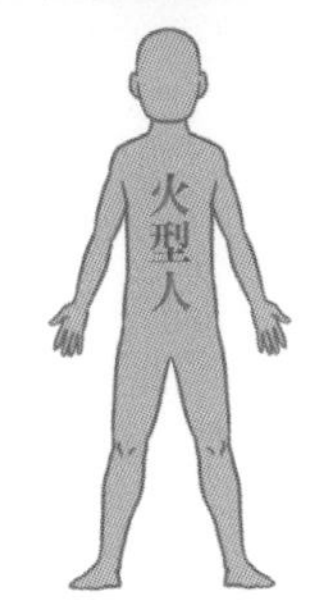

身材中等的人屬於火型人。火能具有消化食物的作用，因此火型人較容易罹患腸胃、肝膽、胰臟類的疾病。

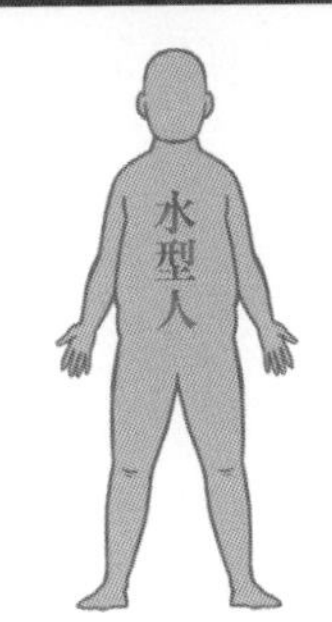

身材豐滿的人屬於水型人。由於水能與免疫力和體力維持有關，因此水型人較容易罹患肺、支氣管、氣喘、糖尿病等疾病。

★ 阿育吠陀推薦的食物

阿育吠陀很重視人體與環境間的平衡。

前文提到的《遮羅迦集》建議，居住在潮濕地區的人要吃能溫暖身體的巨蜥肉；生活在高原的人則要吃含有高營養價值的印度羚羊肉。

書中也建議，飲食要符合節氣，認為炎熱的季節適合吃冷卻後的乳糜粥等清涼的料理，寒冷的季節則以油脂多的肉類入菜為佳。

阿育吠陀最重視的，便是盡可能活用各種食材本身的營養價值做菜，這也成了全印度通用的飲食基礎。

「胃不舒服的時候用這個香料做菜」、「頭很痛時要吃這個食物」這樣的知識滲入印度人的日常生活，而這一切都是基於阿育吠陀的觀念。

★ 咖哩也能當胃藥和頭痛藥？

經常有人說「咖哩是藥」，這種認知絕對沒有錯。

當我們用字典《廣辭苑》查咖哩中的香料時會發現這些解釋：孜然止瀉，香菜籽是胃藥，薑黃是感冒藥、止血藥，茴香具健胃效果。印度人熟知這些知識，感冒時會用香菜籽，胃不舒服時則是茴香，精心選擇烹調咖哩的香料。

其實，如果將日本銷售的某知名腸胃藥成分表拿出來看，便會找到好幾種做咖哩的香料。

不過，這並不值得大驚小怪。

因為許多香料自古就是以「中藥」的型態來到日本。

這麼一想，便能理解「咖哩等於藥」也具有一定根據了吧？

然而，根據風能、火能、水能屬性的差別，身體所需的食材和香料也截然不同。

六種基本味道

阿育吠陀的飲食理想是均衡攝取以下六種味道。另外，阿育吠陀也將食材區分為熱性和涼性，建議人們依循季節均衡攝取這些食物。

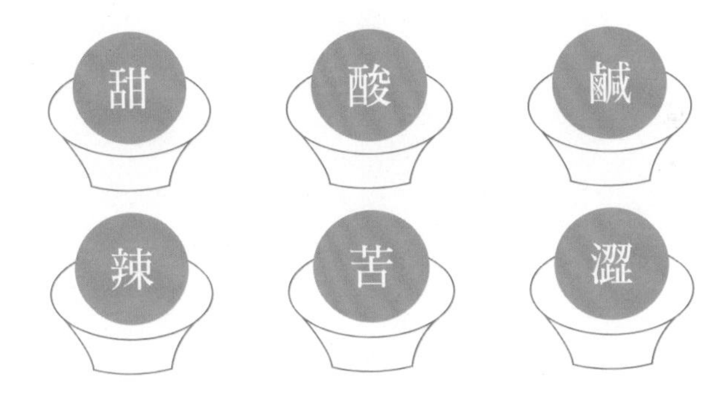

攝取食物的例子

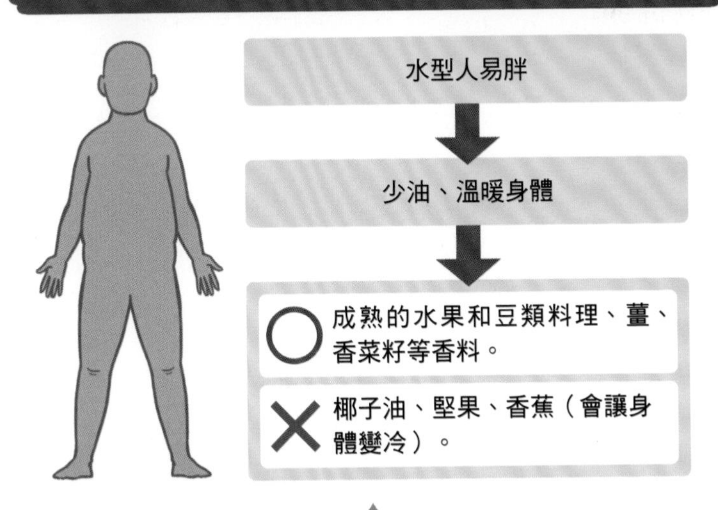

根據阿育吠陀的觀念調配香料。「醫食同源」的原則深植於印度飲食文化之中。

（照片來源：123RF）

一般人並不知道水型人應該攝取什麼香料，因此，需要仰賴專門的阿育吠陀醫生。

據說，在印度西醫和阿育吠陀醫生的比例是 2 比 1。

在日本，西醫是主流，但在印度，人們可以根據自己的身體狀況自由選擇西醫或是阿育吠陀醫生。

香料具有哪方面療效？

胡椒
食欲不振
手腳冰冷等

孜然
胃弱、腹痛
拉肚子等

薑黃
肝功能低下
感冒等

大蒜
疲勞
水腫、肥胖等

香菜籽
胃弱
關節痛等

印度人為什麼用右手吃咖哩？

一般來説，印度人用手吃咖哩，而且只用右手。

這是因為印度教中「潔與不潔」的觀念根深柢固，左手被人們視為「不潔（jutha）」的緣故。

如果左手髒的話説它「不潔」還算容易理解，但在弄髒之前，左手就已被視為「汙穢」。因此，無論多麼仔細用肥皂洗淨左手或是徹底消毒殺菌都沒有意義。

不用左手似乎也跟衛生問題有關。印度人如廁時有用左手擦屁股的習慣，雖然事後當然會把用過的手洗乾淨，但由於印度氣候濕熱，容易滋生細菌，人們便因此乾脆不用左手。

★ 手食的目的是用五感享受食物

印度人用手吃飯還有其他理由。

那就是為了運用所有感官享受食物。

用眼睛看，伸手觸摸，嗅聞香氣，以舌品味。

像這樣邊吃飯邊鍛鍊五感，是印度人視為基本的飲食方式。

不過，要説全印度都用手吃飯也並非如此，在西化的都市中，人們一般使用刀叉和湯匙進餐。

★ 如今手食人口減少的理由

用手吃飯時，雖然桌上會放清洗手指的「洗手盅（finger bowl）」，但吃完咖哩後的油膩不易去除，卡在指甲縫的咖哩也無法馬上清掉，十分麻煩。

最近，有越來越多印度人不用手吃飯。

造成這種改變的原因是智慧型手機。智慧型手機在印度的普及率逐年攀升，沾著咖哩的手的確會弄髒螢幕，也不容易點擊畫面。

看來，這個用手吃咖哩、以五感享受食物的古老飲食習慣，也不敵手機的便利性。

飲食工具的世界人口比例

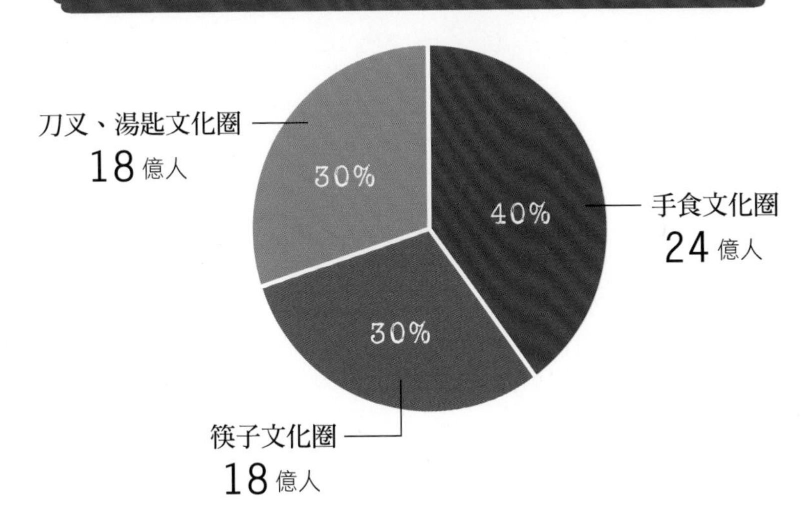

※ 製圖資料來源：《飲食文化事典》剛田哲（東京堂出版）

一般的手食順序

想跟印度人一樣用手吃咖哩的話該怎麼做呢？
以下以南印度的習慣說明手食順序。

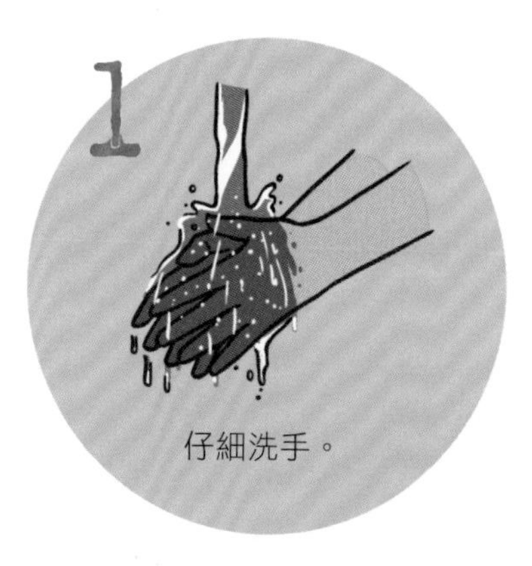

仔細洗手。

將想吃的食物各取一些。
食物底下鋪的是芭蕉葉。

咖哩淋到飯上後以右手拌勻。

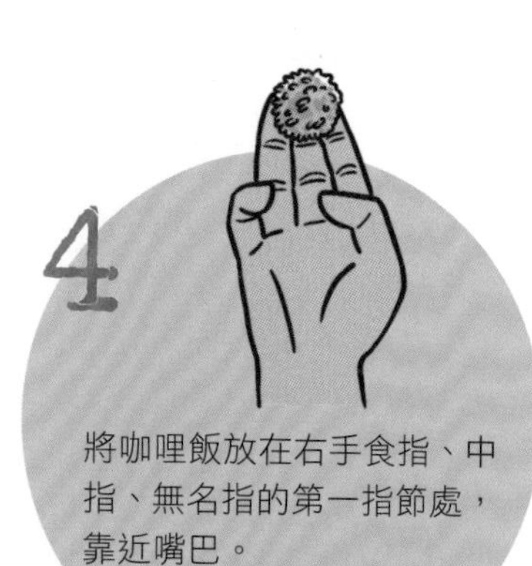

將咖哩飯放在右手食指、中指、無名指的第一指節處，靠近嘴巴。

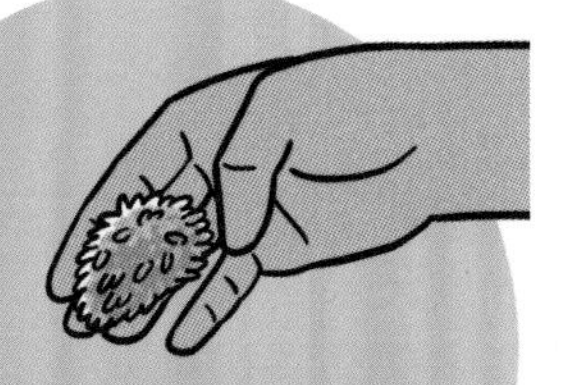

5

利用大拇指將咖哩飯放入口中。伸直彎曲的大拇指，把飯推進嘴裡。

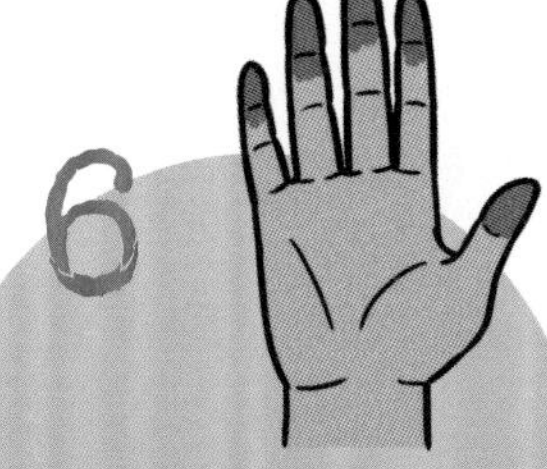

6

如果弄髒的範圍在第二指節內就合格，弄髒手掌則是功夫還不到家。

吃餅時

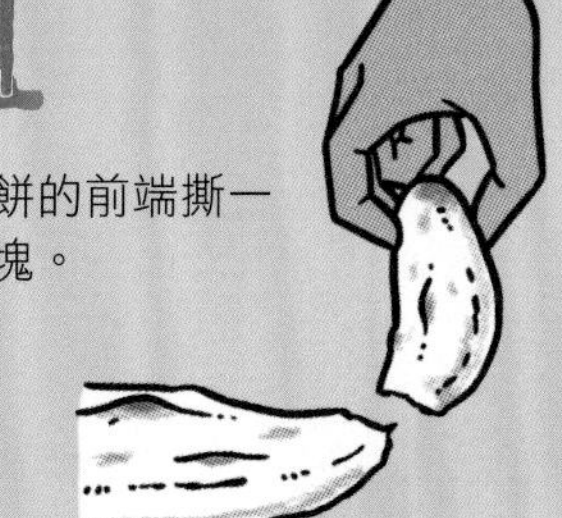

1

從餅的前端撕一小塊。

2

放在想吃的食物上。

3

折疊餅皮，把食物包起來送入口中。

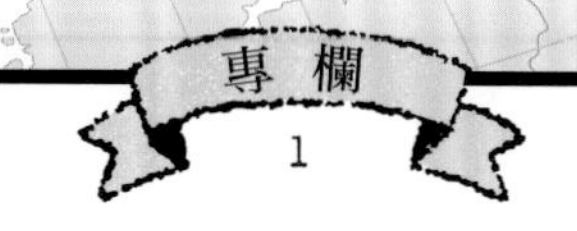

【實力派名配角？咖哩的配菜故事】

說到咖哩的標準配菜，應該就是福神漬了吧。這種將白蘿蔔、茄子、蓮藕、蕪菁、紫蘇、白鳳豆等蔬菜切碎後以糖和醬油調味的醬菜，一直是日本餐桌上的寵兒。

福神漬最早是由東京上野的醬菜老店「酒悅」於 1886（明治 19）年開始販售。

1902（明治 35）年，日本郵船上的餐廳以福神漬代替印度酸甜醬（chutney）※後，咖哩的配菜就固定改為福神漬了。

說到咖哩配菜，也不能忘了蕗蕎。

蕗蕎原產於中國，據說平安時代傳入日本時是被當做藥草使用。不過應該也有很多人認為「蕗蕎＝咖哩配菜」吧？

近來，受到注目的咖哩配菜應該是醋漬蔬菜。

有越來越多咖哩店會附上自家醃漬的蔬菜，醋漬蔬菜成為新一代的咖哩標準配菜，受到大眾喜愛。

其他會用來做咖哩配菜的還有葡萄乾、洋蔥、蒜片、起司粉、椰子粉、紅薑、杏仁片、醃黃蘿蔔等等。

如同「咖哩」的種類五花八門，咖哩的搭配食材也有豐富的創意。

※ 於水果或蔬菜中加入香料後熬煮成果醬狀的醬料，為南亞到西亞一帶的食物。

Curry 第2盤 咖哩的世界史

風靡世界的稀有調味料

本章將會帶大家回溯咖哩自印度誕生後流傳到英國，再擴散至全世界的過程。

談到咖哩就不能不提「香料」，因此在進入正題前，讓我們先把握幾點有關香料的基本知識吧。所謂的香料，到底是什麼呢？

如果要以一句話來說明，請把香料想成是一種「兼具香氣和刺激性的調味料通稱」。大部分的香料取自植物的果實、花朵、葉子等各個部位。

世界上的香料超過 500 種，由於可以藉由飲食取得諸多效果，自古就為世界各地的人們所用。

1 世紀時，古羅馬美食家所撰寫的《論烹飪》（*De re coquinaria*）一書中，對於香料有這樣的敘述：

「幫助消化、增添料理滋味、時而能保存食糧。」

從這段敘述可以窺見，香料自古便深受歐洲社會重視。

到了中世紀，人們對香料的關心急遽升溫，最具代表性的就是胡椒。歐洲人會發現前往亞洲的新航線，可說是各國競相爭求胡椒的結果。

★ 香料深藏的各種效用

雖然香料自古就深受人們重視，但各個國家使用的香料種類和對香料的定位都有所不同。

上一章也提到，香料在咖哩的發祥地印度是料理時不可或缺的角色。沒有肉的料理可說是由香料決定整道菜的味道，沒有香料就無法

香料由植物製成

（照片來源：123RF）

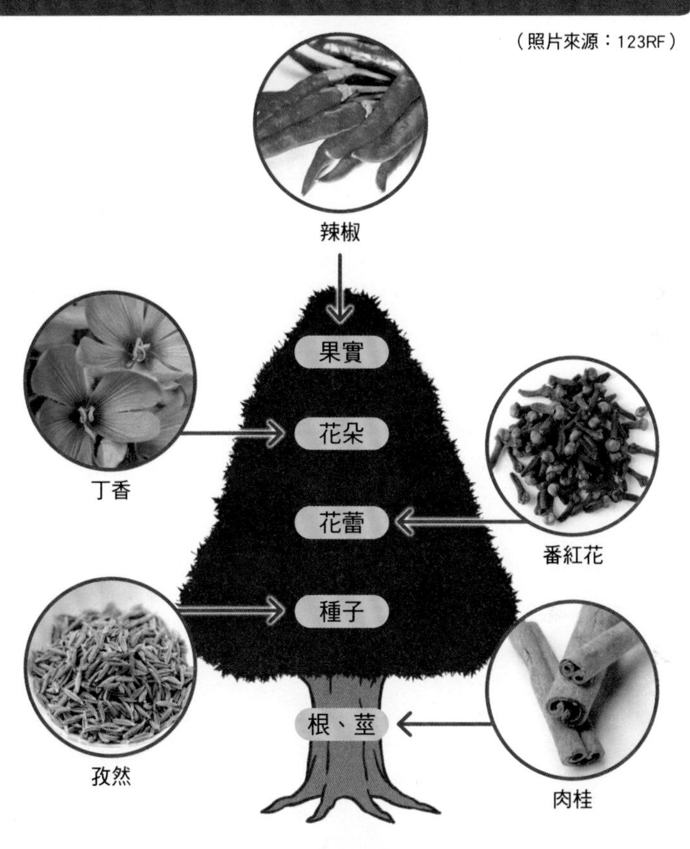

香料和香草有什麼區別？

香料和香草之間不太有明確的界線，兩者都以植物為原料，也都被用來調理食物。不過，從植物學分類來看，香草可以說主要多為唇形科（薄荷、羅勒、百里香）、十字花科（山葵、芝麻菜）、菊科（洋甘菊、艾草）的植物。

完成那道菜。

另一方面，雖然也有例外，但東南亞各國的料理基本上只要備齊食材，即使少了香料影響也沒有那麼大。

因為，香料在東南亞料理中扮演的只是消除魚肉類腥味的附加調味角色。

香料之所以會在不同國家有不同定位，就是因為香料本身擁有各式各樣的功用。

光是簡單列舉一下，就有消除疲勞、增進食欲、促進消化吸收、滋補強健、維持健康等琳瑯滿目的作用。

不只如此，香料還有為料理添色、調味、抗菌等多重效果。

擁有 5000 年以上歷史的「阿育吠陀（可參考第 46 頁）」，對於香料用法也有具體的規定。

古時候的用法能像這樣傳承到現代，實在是值得驚奇的一件事。

印度市場上一字排開的香料

香料在中世紀歐州是價格不斐的高級品。

（照片來源：123RF）

咖哩中使用的香料

月桂

英文為 bay leaf，清新的香氣中帶有些許苦澀，除了能為料理增添香氣，也兼具去除魚肉類腥味的作用。

主要產地　希臘、土耳其等地

豆蔻

甘甜刺激的香氣與微微的苦澀，非常適合用在絞肉或乳製品料理、蔬菜和烘焙點心上。除了咖哩外，用途十分廣泛。

主要產地　印尼

八角

擁有強烈而獨特的甘甜香氣，自古就是製作肥皂、牙膏等的香料，17 世紀時西方人也將其加在糖漿和果醬中。

主要產地　中國

薑

擁有清爽的香氣與辣味，被用來增添菜色風味。據說，中醫幾乎一半的藥方都有加薑。

主要產地　中國、越南、日本

※其他香料請參考第 18 頁。

中世紀歐洲夢寐以求的胡椒果實

在世界史中，香料於中世紀的歐洲以重要地位登場。

對當時的人們而言，香料是非同小可的奢侈品。有錢階級和掌權者將手中的香料當做地位象徵，用以彰顯自己的能力。

其中，交易量最大的就是胡椒。

胡椒有高度防臭、防腐效果，也能幫肉調味，因具有促進排汗、提升腸胃功能的效用，在醫學上也受到高度矚目。

胡椒的主要原產地位於印度東岸與東南亞蘇門答臘等地。據説，阿拉伯與地中海地區的商人為了取得胡椒，從 10 世紀起便千里迢迢，跋山涉水前往東南亞。

順帶一提，同樣由東南亞摩鹿加群島所產的丁香和豆蔻，也被當作去除肉腥味的珍寶，是歐洲人夢寐以求的香料。

★ 胡椒是媲美金銀的超級高級品？

歷史上留下了好幾則關於胡椒的小故事。在人們發現通往印度的航線前，胡椒因其稀有性價格昂貴，1 磅的胡椒即可隨意買下農奴。

此外，回溯到更早的時代，西元 408 年，西哥德人的首領阿拉里克（Alaric）包圍羅馬時，便是向羅馬人索求金銀和胡椒做為停止侵略的代價。

這些故事讓我們知道，胡椒在歐洲是多麼特別的存在。

中世紀歐洲視若珍寶的胡椒

中世紀可以用 1 磅（約 453.6 公克）的胡椒買下農奴自由。

14 世紀描繪的胡椒採收風景。取自法文版《馬可波羅遊記》。

（照片來源：法國國家圖書館）

★ 胡椒是官員的薪水？

13 世紀初，北義大利的各個城市透過伊斯蘭商人展開東方貿易（黎凡特貿易），獲取亞洲的香料。

尤其是北義大利城市威尼斯更是因此收穫了龐大的利益。威尼斯主導了第四次十字軍東征（1202 ～ 1204 年），為了拓展貿易圈而攻

陷的地點，不是東征最初目的地的耶路撒冷而是君士坦丁堡。從此，威尼斯壟斷了胡椒貿易。

當時的德意志有以胡椒支付官員薪水的紀錄。此外，也有英國領主徵收地租時命佃農繳納胡椒。從這些記載我們可以清楚了解到，中世紀歐洲有多麼重視胡椒。

威尼斯以萬全手法防止官員對外洩漏香料的祕密，將其他國家的人阻擋在市場之外。

當時，葡萄牙人也嘗試前往東方求取香料，對威尼斯這種手法感到忿忿不平。除了珍貴的胡椒遭人壟斷不是滋味外，威尼斯商人和基督徒敵視的伊斯蘭教徒直接交易這件事也令葡萄牙的不滿日益高漲。

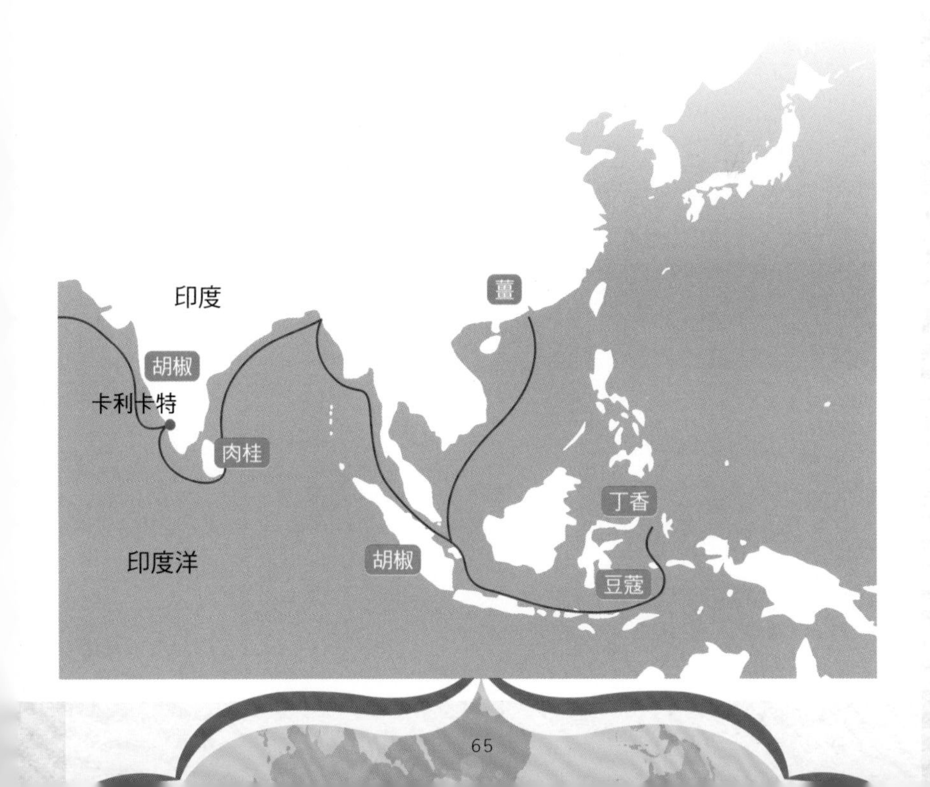

葡萄牙開拓的印度航線

中世紀的歐洲人熱切盼望可以不用再透過伊斯蘭商人取得香料。為此，他們必須從海路抵達印度。

在15世紀極為活躍的葡萄牙航海王子亨利（Henry the Navigator），對開拓東方航路展現了強烈的野心，然而卻壯志未酬，於1460年去世。

1498年，葡萄牙探險家達伽馬（Vasco da Gama）繞過非洲南端，抵達印度的卡利卡特（Calicut），終於開拓了前往印度的航線。

達伽馬回國時收下卡利卡特統治者的信函，信上承認卡利卡特有生產胡椒等香料，並向葡萄牙索求黃金和珊瑚。

然而，卡利卡特的統治者早已與阿拉伯商人進行胡椒貿易，沒有達伽馬介入的餘地。因此，達伽馬回國後又帶著武裝船隊再次航向印度，壓制科欽（Cochin），將夢寐以求的胡椒納入手中。

1510年，葡萄牙於果阿建立軍事基地。當時，葡萄牙的貿易據點有南非、波斯灣、印度、印尼、日本，遍布世界各地，果阿扮演的角色就是這些基地的中繼點。

達伽馬的探索航線

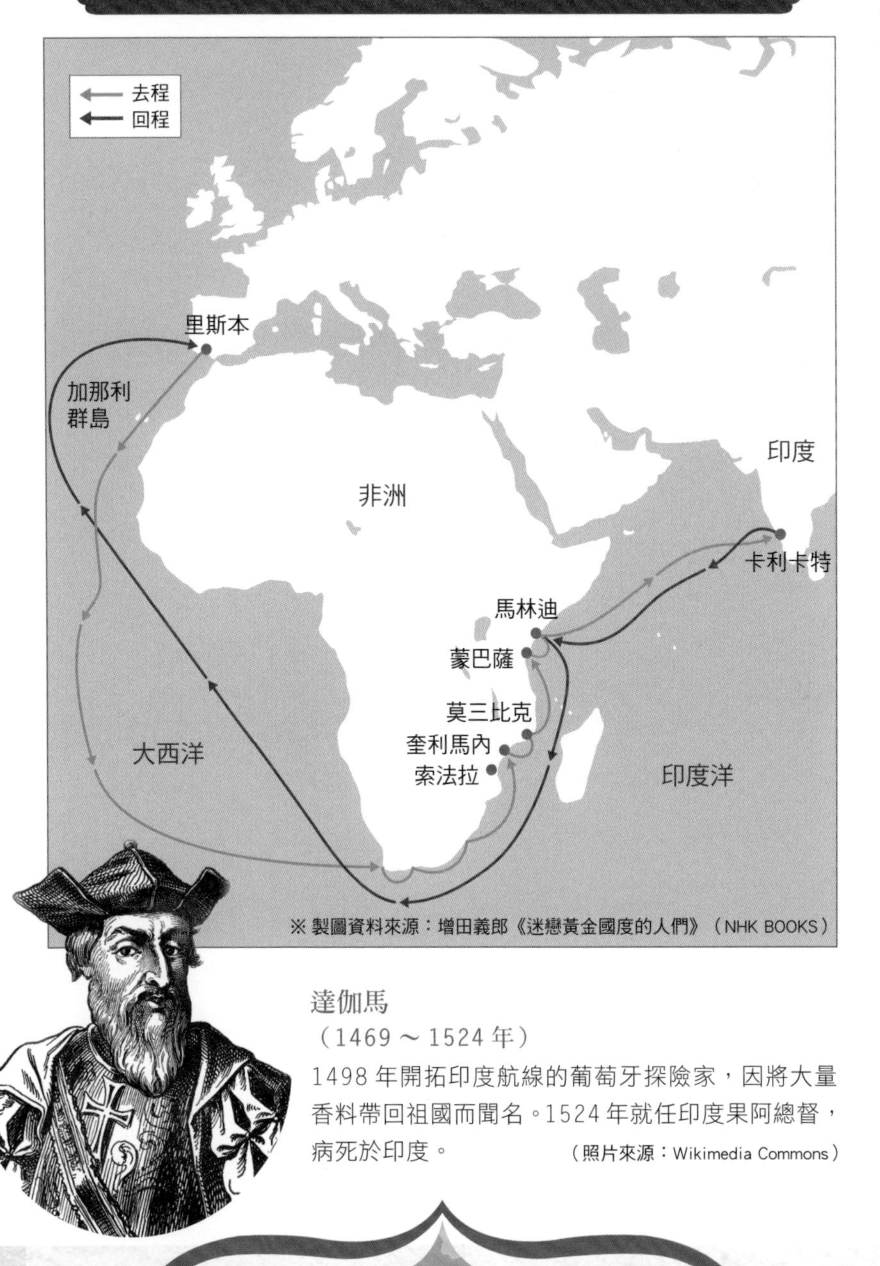

達伽馬
（1469～1524年）
1498年開拓印度航線的葡萄牙探險家，因將大量香料帶回祖國而聞名。1524年就任印度果阿總督，病死於印度。（照片來源：Wikimedia Commons）

席捲世界的辣椒

1492 年，出生於義大利熱內亞的探險家哥倫布（Christopher Columbus）為了追求能廉價取得胡椒的地方，從西班牙港口出航了，他的目標是往西行的航線。他相信，只要向西，就能抵達「印度」。

然而，哥倫布抵達的地方不是印度，而是加勒比海上的島嶼。在這裡，哥倫布看到人們以他前所未見的香料為料理添加辣味。

人們稱這種香料為「ají」。

那就是日後賦予咖哩強烈辛辣滋味的香料——辣椒。

追求胡椒的哥倫布誤以為這個 ají 就是胡椒，並將其命名為「pepper」，在當時的航海日誌記下：「ají 就像原住民的胡椒。」

辣椒因其醫學上的特性受到矚目。根據 1570 年代西班牙醫生留下的文獻記載，辣椒可消除脹氣，對胸部有益，也對手腳冰冷的體質很有效。

胡椒也被認為有醫療特性，味道辛辣這點也與辣椒類似，哥倫布以為辣椒是一種胡椒也不是沒有道理。

辣椒能在歐洲普及開來，最大的功臣是一位名叫加恩卡（Diego Álvarez Chanca）的醫生。1493 年，哥倫布第二次橫渡大西洋時加恩卡一起同行，回國後，他將西印度群島所有部落的食物記錄下來。在這些根薑、椰李、玉米的食物紀錄裡，加恩卡將注意力放在辣椒身上。筆記中寫到，辣椒被用做為魚肉和雞肉增添辣味，種類無數。

此外，哥倫布在前文提到的航海日誌中說「加勒比人和印度人吃這種果實就跟我們吃蘋果一樣」。辣椒給予哥倫布多大的衝擊由此可見一斑。

「發現」新大陸的哥倫布

哥倫布
（1451～1506年）
義大利探險家，相信地球是圓的，雖然計畫向西航行前往亞洲，實際上抵達的卻是今日的巴哈馬群島。直到死前都深信自己抵達的土地是印度。

（照片來源：123RF）

★ 傳播世界的辣椒

哥倫布從新大陸帶回來的辣椒曾遭遺忘了一段時間，不過，葡萄牙人從巴西帶回來的另一種辣椒品種獲得歐洲大陸的接納。之後，辣椒透過葡萄牙的貿易航線傳播至全世界。

中國四川料理中的麻婆豆腐和朝鮮半島的辛奇（Kimchi）都有使用辣椒，據說都是此一時期傳入。

辣椒傳入印度也是在這個時候。辣椒傳入前，印度人用胡椒調出辣味，應該本來就有追求食物辣度的習慣。辣椒傳入後，一口氣滲入印度人的飲食文化，成為料理中不可或缺的香料。眾所周知，辣椒今日已是咖哩的必備香料。

那麼，辣椒又是如何傳入東南亞的呢？

如前所述，葡萄牙於 1510 年占領印度西南部的果阿，隔年 1511 年，派遣外交使節前往大城王朝（Ayutthaya period，今泰國）。一般認為，辣椒便是於此時傳入東南亞。

辣椒在非洲也十分普及，傳播速度非常迅速。

造成這個結果的原因是「奴隸制度」。

葡萄牙的奴隸商人以辣椒取代部分購買奴隸的「貨款」。16 世紀末，奴隸商人積極向外拓展勢力範圍，最後，辣椒也隨之迅速傳播至整個非州。

話說回來，辣椒為什麼可以像這樣在全世界普及開來呢？

最大的理由是辣椒栽培既不花錢也不費功夫。16 世紀時，辣椒在印度的栽培量已經超越黑胡椒，格外受到人們重視。

★ 和馬鈴薯一起來到日本

1543 年，一艘載著葡萄牙人的中國船漂流到了日本鹿兒島縣的種子島，也就是所謂的「鐵砲（火槍）傳來」。這是日本人和葡萄牙人的第一次接觸。此後不到 10 年，葡萄牙人開啟了連結果阿、澳門、日本長崎三地的定期航線。

耶穌會的最大據點位於果阿，從果阿渡海而來的天主教修士將辣椒和精製糖這些食材帶進了日本。

插個題外話，此時，葡萄牙人也傳來了一種「食材裹上麵衣，以油煎炸」的料理方式，那就是今日「天婦羅」的起源。

辣椒的代表品種

斷魂椒（bhut jolokia）
原產於印度東北部。2007 年獲金氏世界紀錄認定為全世界最辣的品種。

朝天椒（tabasco pepper）
以 Tabasco 辣椒醬的原料而著稱，特徵是果肉豐厚、外型圓潤。

泰國鳥眼辣椒（prik kee noo）
主要用在泰式料理，只要一小截 2 ～ 3 公分就有強烈的辣度。

（照片來源：123RF）

歐洲記載如何描述咖哩？

我們從 16 世紀後期的書籍可以發現歐洲人初次見到咖哩的小故事。

在印度研究植物與香料的葡萄牙醫生達奧塔（Garcia de Orta）在其 1563 年出版的著作《漫談印度草藥暨藥劑》（*Coloquios dos Simples e Drogas da India*）中提到：「印度有一料理名為『caril』。」這是最早出現在歐洲文獻中的「咖哩」。

荷蘭旅行家林斯豪頓（Jan Huygen van Linschoten）於 1595 ～ 1596 年出版的著作《東印度水路誌》（*Itinerario*）中留下描述咖哩的紀錄。

書裡寫到：「此處大多將魚熬湯淋於飯上，當地人稱此湯汁為『caril』。」關於湯汁的味道，林斯豪頓是這樣敘述的：「其味略酸，如同摻雜 kruisbes（一種醋栗）或未熟之葡萄。」結論是「頗具滋味」。

英國醫師羅伯特・諾克斯（Robert Knox）於 17 世紀發表的《錫蘭島誌》（*An Historical Relation of the Island Ceylon*）中寫到：「其人（當地人）熬煮果實，製作葡萄牙語稱為『咖哩』之物，似乎是某種淋於飯上的醬汁。」

其中，記載最詳細的是林斯豪頓的著述。從「酸」和「其味如同摻雜未熟之葡萄」的形容來看，可知當時的咖哩跟現代咖哩十分不一樣。

將咖哩（？）介紹給歐洲的林斯豪頓

林斯豪頓在著書《東印度水路誌》記載，印度人稱淋在米飯上的燉汁為「caril」。

林斯豪頓
（1563～1611年）
生於荷蘭北部的城市哈倫（Haarlem）。乘船前往印度果阿，蒐集當時歐洲還不了解的亞洲各地歷史、地理與民族資料，彙整後寫下《東印度水路誌》，成為荷蘭前進印度的珍貴資料。

（照片來源：Wikimedia Commons）

「咖哩」是歐洲人的誤會？

「咖哩」一詞的由來眾說紛紜。

其中最可信的說法是源於泰米爾語「kari」，意指「以香料調味的炒青菜、炒肉」，或是坎那達語（Kannada）表達相同意思的「karil」。

如同林斯豪頓書中所述，印度人將淋在米飯上的液體（燉汁）稱為kari或caril。然而，歐洲人卻誤以為這是料理的名字，以訛傳訛後便成為我們今日理解的「咖哩」了。

此外，印度話稱供奉給神祇的蔬菜飯為「kari amudhu」，香氣撲鼻的東西叫「turcarri」，也有人認為這才是咖哩的語源。

★ 印度沒有「咖哩」？

在印度，並沒有一道菜叫「咖哩」。由於印度什麼料理都會加上「瑪莎拉混合香料」，日本人才會覺得所有菜都像咖哩，但其實這些料理都有不同的名字

以優格為基底熬煮的料理叫korma，將羊肉和番茄、優格一起燉煮的料理是rogan josh。

現在，有許多印度人也將在家裡燉煮的料理統稱為「咖哩」，不過源頭卻是來自歐洲人的誤會，是不是很有趣呢？

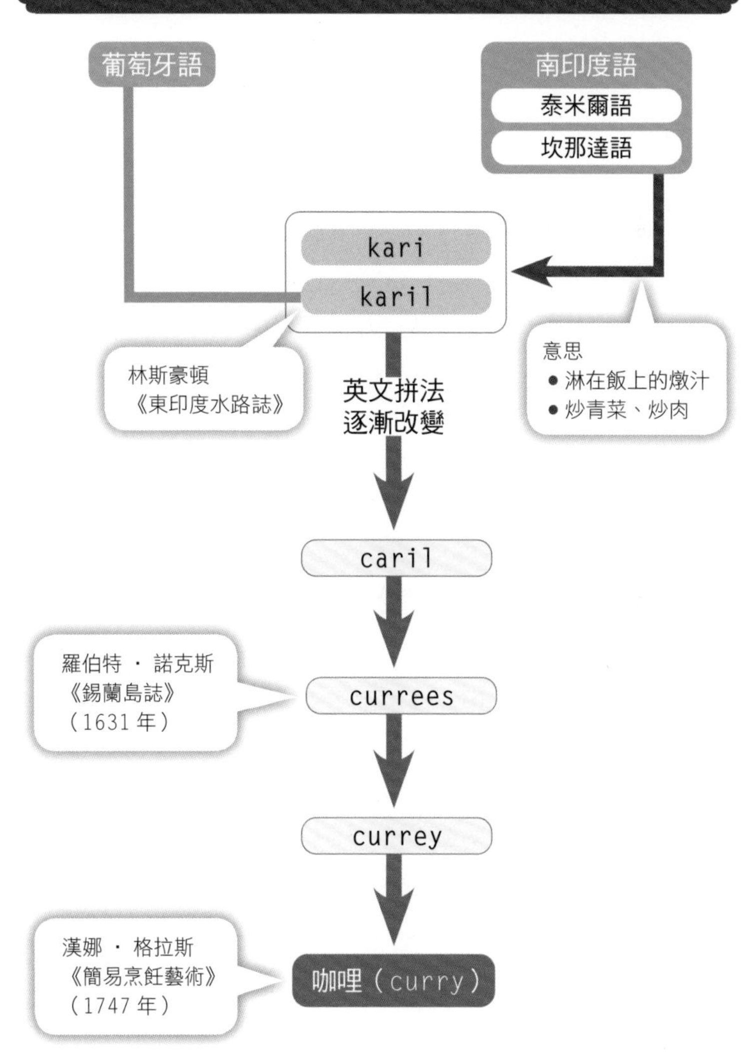

※ 製圖資料來源：《咖哩飯與日本人》（講談社學術文庫）、《印度咖哩傳》（河出文庫）

英國如何統治印度？

咖哩能在歐洲傳播開來，其背景與英國統治印度的進程息息相關。

1600 年，英國成立東印度公司，打造印度基地、建設東西岸的貿易市場，逐步擴大勢力。

1744 年後，英國開始與目標同樣是進入印度的法國角逐霸權，法國也在「新大陸」美國和英國展開勢力爭奪戰。

1757 年，英國在印度東部孟加拉地區展開的普拉西戰役（Battle of Plassey）中擊敗法國，從此奠定統治印度殖民地的地位。

1797 年，英國攻下原屬葡萄牙領地的果阿，將其納入版圖，占領了果阿 17 年。

由於英國人撤離果阿時連同廚師一起帶走，因此，以 vindaloo（酸勁十足的豬肉咖哩）為首的果阿料理食譜也傳回了英國本土。

★ 蒙兀兒帝國的滅亡與英國的統治

19 世紀時，有超過好幾千人的東印度公司員工外駐在印度。

不過，英國東印度公司因為自由貿易政策的結果於 1833 年失去了印度貿易的獨占權。

1857 至 1858 年間，北印度全境爆發民間叛亂，蒙兀兒帝國因此滅亡，印度成為英國政府的掌中物。

1858 年，受東印度公司被迫解散的影響，英國人對印度人的態度也漸漸產生變化，開始禁止英國人穿印度服飾，控制印度的欲望也日益高漲。

1877 年，英國維多利亞女王正式受冕為印度女皇，印度成為印度帝國，直到 1947 年獨立為止，印度次大陸有 60%是英國的領土。

普拉西戰役

英國東印度公司的軍隊在這場戰役中打敗同在印度的法國與孟加拉王公聯軍。此次勝利確立了英國在印度的地位。

（照片來源：Wikimedia Commons）

英國在印度的領土和行政機關稱為「Raj」，其中囊括了西北部的旁遮普與中央的奧德國等行政區。地方領主統治的土邦國實際上都是英國的傀儡政權。

★ 支持英國向世界前進的印度力量

印度這塊土地不僅存在印度人之間的爭鬥，還有歐洲勢力與印度勢力的爭戰，爆發了各式各樣的戰爭。英國最後之所以能將印度納為殖民地，是因為擁有比其他歐洲諸國更加優秀的軍事、財政能力。

此外，英國能長期穩定地統治印度這麼遼闊的領土，則是在取得孟加拉地區的徵稅權（diwani）之後。

因為從孟加拉地區獲得的龐大財政收入，在英國於南印度和法國對峙的卡納笛克戰爭（Carnatic Wars）中挹注了充沛的資金，讓英國得以維持戰力。

將整片印度次大陸納為殖民地的英國，疆土遍及世界各地，不斷強化政治上的統治能力。

此外，英國還擁有出類拔萃的工業生產、情報蒐集技術，以強盛的

印度民族起義

1857 年，印度北方米魯特（Meerut）的 sipahi（東印度公司組織的印度傭兵）起身反抗當權者，叛亂擴散至印度北部、中部，演變成大規模的民族起義。這場動亂最後雖然遭英國鎮壓，卻成為印度民族獨立運動的原點。（照片來源：Wikimedia Commons ©Granger）

國力君臨天下，也是在此時獲得「日不落帝國」的稱號。而鞏固這份繁榮的，是來自印度貢獻的金錢以及加入英國軍隊的印度人。

★尊重印度文化的英國人

英國對印度殖民採取關心、接納當地文化的態度。

當然，英國有時也會將歐洲文化強加在印度人身上，但即使如此，也沒有全盤否定印度文化。

實際上，在東印度公司工作的英國商人會吃印度料理、用印度話溝通、穿印度服飾、娶印度女性為妻或為情婦等，仿效印度人生活。

或許，我們也可以認為，英國在殖民印度的過程中擁有尊重印度文化的意識，才會促成咖哩普及到英國以至於全世界吧。

將咖哩帶入英國的人是誰？

17 世紀，英國成立東印度公司，壟斷印度的貿易與殖民，有許多居住在當地的外派員工。

這些僑居印度、迎娶印度妻子，融入當地文化生活的英國人被稱為「Anglo-Indian」。Anglo-Indian 平常吃飯配印度廚師煮的咖哩，回國後依舊念念不忘，心裡大概想著「好想再吃一次那道辣辣的料理」吧。

★ 咖哩必備的混合香料降臨英國

身為東印度公司員工同時是英國首任駐印度總督的沃倫・哈斯丁（Warren Hastings），也是身在英國卻掛念咖哩滋味的其中一人。據說，他是第一個將混合香料粉從印度帶回英國的人（有許多說法）。

哈斯丁大概是想在英國重現自己赴印度工作時吃到的那種道地料理滋味。

然而，他無法像印度人一樣每次做菜都調配香料，因此才想帶回事先調好的配方以隨時做出咖哩。

之後，Crosse & Blackwell 公司根據英國人的喜好重新調配咖哩，這就是我們之後會提到的 C&B 咖哩粉。

★ 改造咖哩的英國人

英國人在咖哩中加了花生、椰子、小黃瓜、醋漬蔬菜、印度酸甜醬等各式各樣的配料，將咖哩調味改成自己的喜好。

咖哩成為英國上流階層的料理，最後也普及到中產階級與勞工階級的餐桌上，蔚為風潮。

哈斯丁
（1732～1818年）
東印度公司員工，接連擔任首任孟加拉和印度總督。據說是將咖哩原料——混合香料粉與米帶回英國的人。（照片來源：Wikimedia Commons）

咖哩粉的偉大發明

哈斯丁將香料帶回英國後，咖哩漸漸滲入英國人的生活。

世界上第一個將這種咖哩做成「粉末」販售的產品，就是 Crosse & Blackwell 公司（通稱 C&B 公司）的「C&B 咖哩粉」（發售年代不詳）。

這種把香料集中在一起、方便攜帶的「咖哩素」後來也被獻到維多利亞女王面前，再以英國為起點，傳播到整個歐洲。

當時，咖哩粉內的香料以「薑黃」為主。

1820 年後，英國薑黃的進口量在 40 年內增加了三倍（《印度咖哩傳》，河出文庫），由此可見咖哩粉在英國餐桌上傳播的迅速。

順帶一提，英國食譜剛開始出現咖哩時並沒有關於咖哩粉的敘述。

不過，1810 年發行的《最新家庭草藥》（*New Family Herbal*）在介紹薑黃時可以看到「咖哩粉」一詞。

1850 年後，英國的食譜書開始介紹許多印度料理，大部分都有「咖哩粉 1 匙」這樣的敘述。

不過，不太確定這個咖哩粉和 C&B 咖哩粉是否有關係。

★ 日本也發明了純國產咖哩粉

19 世紀後期，C&B 咖哩粉已經進入日本。

明治大正年間，有越來越多人期望以這款咖哩粉為基礎，創造符合日本人口味的原創咖哩粉。

1905（明治 38）年，大阪的大和屋（今蜂食品股份有限公司）推出了「蜂咖哩」，這就是日本最早的國產咖哩粉。（可參考第 142 頁）

C & B 公司發售的「C&B PURE CURRIE POWDER」是世界首創的咖哩粉，法國人也很喜歡，用它為料理增添咖哩風味。　（照片提供：日本雀巢）

咖哩狂熱份子維多利亞女王

1877 年，英國維多利亞女王（Queen Victoria）自封「印度女皇」，從此，印度便直接由英國統治。

英國在維多利亞女王治世下領土大幅擴張，迎接前所未有的盛世。

維多利亞女王在食衣住行等各方面都深深為印度文化著迷。

她在家中擺放印度家具，牆上掛設描繪印度風景的畫作。此外，還因為喜歡印度咖哩命皇家廚房製作。

可以想像，女王過著一種雖然住在英國，卻彷彿長年在印度生活過的日子。

不過，女王從未到訪過印度。儘管如此，她仍然從英國遙想那一片土地，對印度貫徹蘊含在心中的愛意。

19 世紀後期，英國國內對印度展現了高度興趣。倫敦舉辦的「殖民地與印度博覽會」（Colonial and Indian Exhibition）展出了各種來自印度的物品，盛況空前。

不只女王，全英國都對印度有著濃厚的興趣，深陷印度魅力。

咖哩之所以能深入滲透英國的飲食文化，或許跟這樣的背景也有關係吧。

打造英國輝煌時代的維多利亞女王

英國版圖擴大 10 倍
維多利亞全盛時期，英國統治了地球上 1/4 的陸地。

「婚紗」之母
白色婚紗始祖。
維多利亞於自己婚禮中所穿的婚紗引起上流社會的風潮。

在位期間 63 年又 7 個月
直到伊莉莎白女王二世（1952 年～）超越前，是英國王室史中在位時間最長者。

育有 9 名子女
維多利亞女王育有 4 子 5 女，與歐洲各國王室聯姻。擁有孫子 40 人，曾孫 37 人。

〔參考網站〕
雅 ceremony「偉人的最後」：
https://www.miyabi-sougi.com

維多利亞女王
（在位期間：1837 ～ 1901 年）
開創大英帝國全盛時期的女王。女王對獻給自己的「C&B 咖哩粉」十分滿意，咖哩從此逐步滲入英國上流階層。

（照片來源：Wikimedia Commons ©Alexander Bassano）

接納咖哩的英國人

咖哩的產地位於遙遠的印度，英國人是如何接納這道料理的呢？

18 世紀末，「咖哩」一詞已經滲透英國人的生活。

此時，市場上充滿刊有印度菜食譜的書籍，像是擔任王宮軍醫總監的羅伯特・瑞德（Robert Riddell），在其著書《印度家政與食譜》（*Indian Domestic Economy and Receipt Book*）中便有提到咖哩的做法。

書中除了說明咖哩分湯汁多與湯汁少兩種外，並敘述要將魚、肉、蔬菜等食材炒過再加上固定比例的香料。

此外，瑞德還寫到，決定咖哩味道的不是香料比例，而是添加的辣椒和胡椒辣度。

比瑞德的作品更具影響力的，是由肯尼一賀伯特（Kenney-Herbert）上校所著述的《馬德拉斯烹調筆記》（*Culinary Jottings for Madras*, 1878）。

賀伯特上校精通法式料理。他認為，製作傳統法式料理中濃醬燉煮的「fricassée」和白醬燉煮的「blanquette」所需的細緻和功夫也是煮咖哩時不可或缺的。

食譜中舉出羅望子和 jaggery（由棕櫚樹樹液製成的未精製紅糖）帶出的微微酸甜，是咖哩味道的關鍵。

曾任維多利亞女王主廚的弗朗卡特利（Charles Elmé Francatelli）出版的《為工人階級而寫的平易食譜》（*A Plain Cookery Book for the Working Classes*, 1852）也記載了咖哩的食譜。

★ 第一本向英國人介紹印度料理的食譜

順帶一提，第一本刊載印度料理的英國食譜，是 18 世紀的食譜作家漢娜 · 格拉斯（Hannah Glasse）所撰寫的《簡易烹飪藝術》（*The Art of Cookery Made Plain and Easy*）。

這本書一發售便立刻成為暢銷書，再版多次。書中除了兔肉咖哩，也記載了 pulao（加入香料的蒸飯）和印度醃漬蔬菜的做法。

在英國，燉肉被歸為下層階級的調理方式，咖哩一開始也被人們視為同一類的料理而遭到輕視。

然而，隨著普及開來，咖哩成了最適合將剩肉處理完的料理，備受推崇。

和印度人一起擴散到全世界的咖哩

19 世紀後，英國社會基於人道因素興起廢除奴隸制的運動。

當時盛行的奴隸貿易主要是將黑奴強制從西非運往西印度群島的甘蔗園勞動，引發巨大的社會問題。

廢除運動當然遭到殖民地地主的激烈反抗，但英國最後排除異議，於 1807 年廢止奴隸貿易，1833 年廢除奴隸制度。

不過，奴隸制度廢除後，甘蔗栽培勢必面臨勞力短缺。因此，印度人便以契約勞工的身分被派到模里西斯、千里達及托巴哥、蓋亞那、肯亞、南非這些當年為英國殖民地的國家工作。

印度勞工會拿到生活所需最基本的衣服和食物，結束在殖民地一定期間的勞務工作後，可以獲得移居地的土地或是歸國的船票（實際上有很多雇主沒有履行合約）。

由於奴隸制廢除的緣故，印度人開始散居世界各地，與此同時，「咖哩」也在全世界擴散開來。

★移居世界各地的印度人

1834 年，抵達印度洋西部模里西斯（1814 年成為英國領地）的印度人是最早的一批契約勞工。之後直到 1917 年英國停止勞工派遣為止，有多達 150 萬的印度人移居印度以外的英國殖民地。

移居蓋亞那地區（今蓋亞那）的印度人約 24 萬人，千里達及托巴哥為 14 萬 4 千人，牙買加 3 萬 6 千人，南非 15 萬人（《「食」的圖書館　咖哩史》，原書房）。

此外，英國還與法國、荷蘭等國制定了向彼此殖民地輸送勞動者的制度。最後，印度人移居的地點逐漸涵蓋了全世界所有區域。

17～18世紀的三角貿易

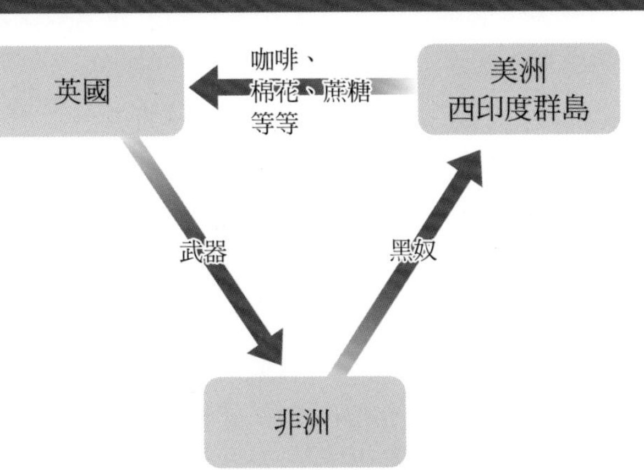

奴隸輸送船內部。奴隸商人強制將西非黑人送往西印度群島、歐洲各國及美洲。

（照片來源：Wikimedia Commons ©Luciana Mc Namara）

★印度人對當地料理的影響

移居的印度人大概是希望能盡量在陌生的土地上生活得舒適一點吧，他們將母國飲食帶入各自前往的地方，利用當地食材，重現印度的飲食文化。

咖哩料理就這樣自然而然漸漸傳至各地。

以千里達及托巴哥為例，雖然國內除了印度人，也有許多來自非洲、中國的居民，飲食文化卻深受印度料理影響，烹調食物的方法也有濃厚的印度文化色彩。

千里達及托巴哥料理所用的香料以薑黃、香菜籽、孜然、葫蘆巴為主，這些都是印度人經常使用的香料，印度飲食文化進駐的影響可見一斑。

千里達及托巴哥咖哩的特色是將雞肉（山羊肉）、魚和大蒜、洋蔥、辣椒等一起熬煮，搭配印度酸甜醬與醬汁，用羅提（印度圓餅）或沾著或包著吃。

就這樣，在印度人移居之處，我們至今仍可以從每一處的飲食生活中窺見印度的飲食文化。

現今印度裔國民的比例

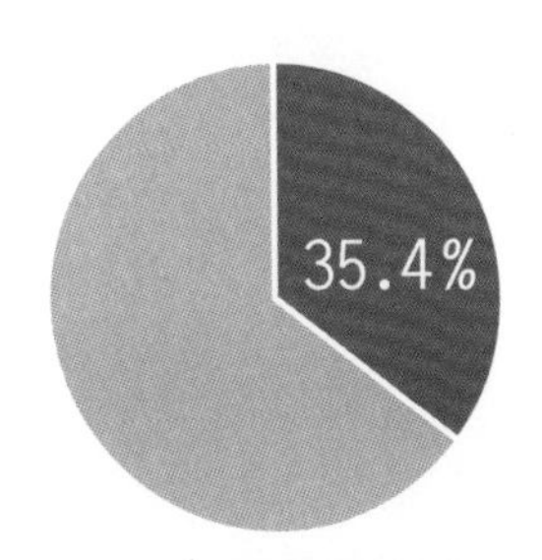

千里達及托巴哥共和國

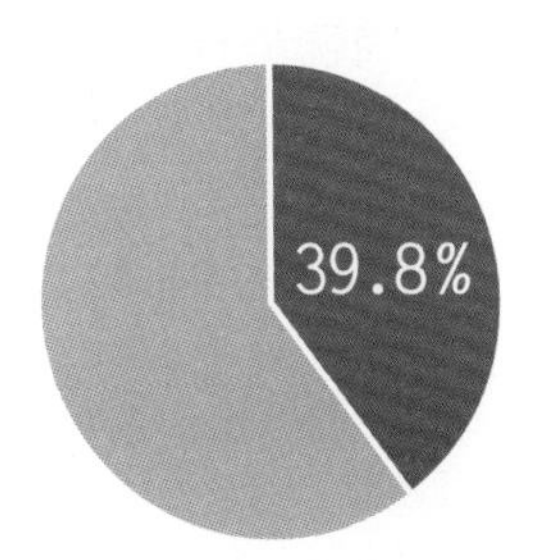

蓋亞那共和國

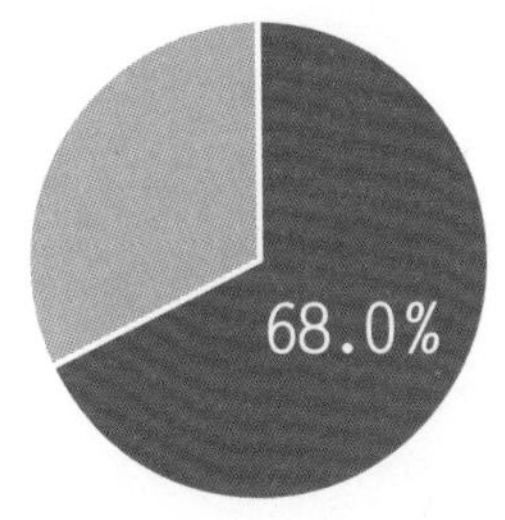

模里西斯共和國

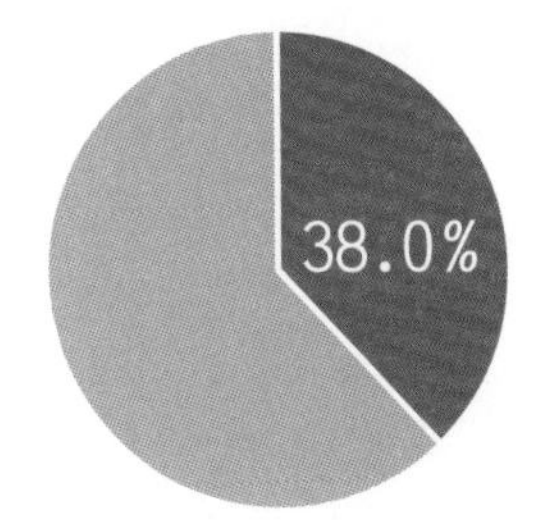

斐濟共和國

※ 製圖資料來源：《「食」的圖書館 咖哩史》（原書房）、日本外務省統計

咖哩是可靠的節儉料理？

19 世紀前期，咖哩開始大範圍滲入英國中產階級的飲食生活。

中產階級的價值觀是「節儉」，重視如何勤儉持家。能在有限預算內做出一桌好菜的女性備受讚揚。

舉例來說，因教會禮拜（彌撒）端出來的肉剩下來時，放一天就冷了。

雖然大部分的人都不吃冷肉，但中產階級女性將把剩肉全部應用在料理中視為美德，因此注意到了咖哩。因為咖哩是烹調冷肉的絕佳理想料理方式。

咖哩不只實用，在味道和營養價值上都很卓越，立刻進駐英國的餐桌。

當時，咖哩是英國餐桌上的固定菜餚，已經到了「什麼菜都用咖哩醬燉煮」的地步。從肉片到小牛蹄、羊頭、龍蝦等，任何食材都會被拿來做咖哩。

伊麗莎・亞克頓（Eliza Acton）於 1845 出版的《家常現代烹飪》（*Modern Cookery*）一書中甚至寫到：「餐桌上沒有咖哩就不能稱為一頓完整的正餐。」

英國的中產階級受法國傳來的文化影響，用餐時由僕人一一上菜。即使是在這樣的餐桌，咖哩也是被奉上的一道佳餚。

★ 遭到疏遠的咖哩

然而，不知道是因為厭倦了，亦或是香料氣息強烈的咖哩本就不符合英國中產階級的口味，人們漸漸開始疏遠咖哩。雖然不同時代本來就會有不同的食物流行，但曾遍及英國全境的咖哩會沒落卻是令人意想不到的發展。

20 世紀中葉，英國的咖哩變得只是在燉菜中加入少許咖哩粉，在餐桌上的存在感也日漸薄弱。

不過，咖哩並非從英國徹底消失，人們在餐廳依然能吃到咖哩。

19 世紀的倫敦餐廳。在家常菜中失去存在感的咖哩依舊留在外食菜單上。

（照片來源：Wikimedia Commons）

英國國民料理「印度香料烤雞」

儘管咖哩漸漸淡出英國人的餐桌卻不是完全消失，反而是改變型態，在英國的飲食文化中落地生根。

這就是據說誕生於 1960 年代英國印度餐廳的「chicken tikka masala」。

所謂的「tikka」指的是香料醃漬的肉塊。將醃漬過的肉塊和洋蔥一起拌炒，再以番茄和奶油製作的醬汁燉煮，就是「chicken tikka masala」——印度香料烤雞。

印度香料烤雞嘗起來綿密滑順中帶點酸味，有點類似奶油咖哩雞，廣受英國人喜愛，堪稱英國國民料理。2001 年，時任英國外相的庫克（Robin Cook）針對印度香料烤雞的一席話蔚為話題，他說：「印度香料烤雞是真正的英國國民料理。不僅僅是因為它最受歡迎，也因為它完美展現了英國是如何吸收、適應外來影響。」

庫克指的應該是咖哩當初受到英國人喜愛，其後配合人們喜好漸漸改變型態，最後變成了印度香料烤雞吧。

我們或許可以說，只有以柔軟態度吸收多元文化的英國人才能創造出這樣一道菜。

★ 咖哩為什麼沒有成為英國的基本菜餚？

儘管如此，將咖哩傳到日本的英國家庭餐桌上漸漸吃不到咖哩，另一方面，咖哩卻成為日本國民料理，受到男女老少喜愛——究竟是什麼造成這樣的差異呢？

有學者認為，咖哩之所以會在英國沒落，是因為上流階層改變了飲食模式。

印度香料烤雞誕生的小故事

印度香料烤雞的起源眾說紛紜。其中有個說法是，一間位於蘇格蘭格拉斯哥（Glasgow）的印度餐廳主廚收到一名男客人抱怨「肉太乾」，主廚遂把肉抹上番茄醬汁和香料再端出來，立即獲得好評。

印度香料烤雞

將優格和香料醃漬過的雞肉放進坦都爐裡燒烤，再以番茄基底的咖哩燉煮。在英國，除了餐廳，酒吧也吃得到這道菜。（照片來源：123RF）

英國上流階層的飲食模式以「週」為單位決定內容，星期天習慣吃巨大的烤牛肉。

然而，過於巨大的烤牛肉實在無法一次吃完，總是會剩下來。因此將剩肉用來煮咖哩被視為既有效率又省錢的做法。

不過，由於之後牛肉價格飆升，英國人越來越不容易吃到烤牛肉，最後也連帶減少了吃咖哩的機會。畢竟有剩肉才會煮咖哩。

★ 英國第一間印度餐廳的開業歷程

另一個說法是，倫敦現在有超過 1000 間的印度餐廳。

由於價格十分合理，想吃咖哩時只要去附近的印度餐廳即可，於是便沒有必要特地在家裡煮咖哩了。

雖然印度餐廳如今在英國遍地開花，但第一間店卻很難說取得了成功。

英國的第一間印度餐廳是一位名叫馬哈邁德（Sake Dean Mahomed）的印度人於 1810 年在喬治街開的「Hindoostane Coffee House」。

馬哈邁德企圖以印度本土風格忠實呈現咖哩等印度料理的道地滋味和餐廳氣氛。

他在報紙上刊登廣告，積極經營。遺憾的是餐廳生意卻始終慘澹，終於 1811 年歇業。

關於馬哈邁德開店失敗的因素有許多種說法，一般認為，有很大一部分原因可能是當時外食文化尚未普及，以及馬哈邁德設為目標客群的富裕階層對印度餐廳興致缺缺的緣故。

＊ ＊ ＊

在英國，咖哩改變了用餐風景和形式，如今依然受到人民喜愛。

英國人喜歡吃的，是前文提到的印度香料烤雞，不過在年輕世代間，咖哩似乎也以「在酒吧邊喝酒邊吃咖哩」的形式漸漸蔓延開來。

即使在今日，咖哩依然深受英國人所喜愛。

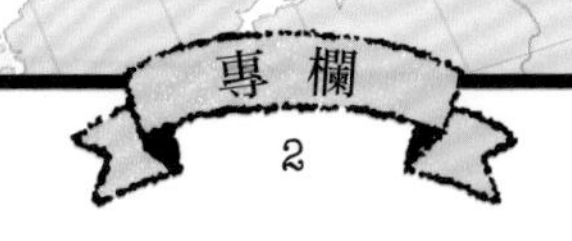

【咖哩三大蔬菜是何時傳到日本的？】

咖哩材料的三大基本蔬菜——馬鈴薯、胡蘿蔔、洋蔥，是以什麼路徑傳播到世界的呢？

與小麥、水稻、大麥、玉米同列世界五大糧食作物的馬鈴薯，原產地在南美秘魯、玻利維亞一帶。從西元500年左右起，當地人便在安地斯山脈高原上種植馬鈴薯，歷史悠久。

日本引進馬鈴薯是在江戶時代，由荷蘭人帶入，被當做對抗飢饉的作物而普及開來。明治時代以後，隨著北海道的開拓，日本人正式開始栽培馬鈴薯。

胡蘿蔔的原產地位於阿富汗東部，也是荷蘭人於明治時代引進的。

其實，日本另外還有江戶時代時引進的胡蘿蔔，兩者有不同的特徵。荷蘭人引進的是西洋胡蘿蔔，顏色為橘色；另一方面，從亞洲傳來的胡蘿蔔外型細長，顏色多樣。

洋蔥的引進者也是荷蘭人。種植在中亞至地中海沿岸一帶的洋蔥是荷蘭人於江戶時代引入。由於日本是在引進美國品種種植成功後才正式開始栽培洋蔥，因此洋蔥和馬鈴薯一樣，最早都種植於北海道。

如果荷蘭人沒有將這三樣蔬菜帶來日本，今天我們吃的咖哩飯材料或許就是另一番不同的面貌了。

Curry

第3盤

世界各地的咖哩故事

激辣巴基斯坦，兩菜一湯尼泊爾

咖哩在與印度鄰近的巴基斯坦、尼泊爾和孟加拉等國也是餐桌上的家常菜。

不過，這些國家有自己的飲食文化和宗教信仰，吃的是符合當地風俗民情的咖哩。

簡單回顧歷史，巴基斯坦原本是英屬印度帝國的一部分。

然而，1947 年巴基斯坦和印度聯邦分別獨立，印度帝國解體。身為少數派的伊斯蘭教徒和印度教徒眾多的印度分道揚鑣，獨立為巴基斯坦（原本位於東方、隸屬巴基斯坦飛地的東巴基斯坦則於 1971 年獨立為孟加拉）。

★ 辣勁十足的巴基斯坦，魚肉入菜的孟加拉

由於這些歷史經緯和地理因素，巴基斯坦和孟加拉分別與北印度和印度西孟加拉省的咖哩具有相同的特徵。

巴基斯坦咖哩與印度西北邊的旁遮普地區一樣，料理中使用大量香料，以辣勁十足的調味為主流。

不過，近來「過辣會對健康造成不良影響」的觀念在巴基斯坦普及開來，帶點甜味的咖哩逐漸成為主流。

由於全年高溫，咖哩口感大多清爽滑順也是巴基斯坦咖哩的一大特徵。

此外，由於巴基斯坦國民有九成都是伊斯蘭教徒，咖哩中的肉以羊肉和雞肉為主。

另一方面，境內河川水路縱橫交錯的孟加拉擁有豐沛的水產資源，以搭配米飯和魚類的咖哩為主流。

巴基斯坦、孟加拉、尼泊爾的咖哩

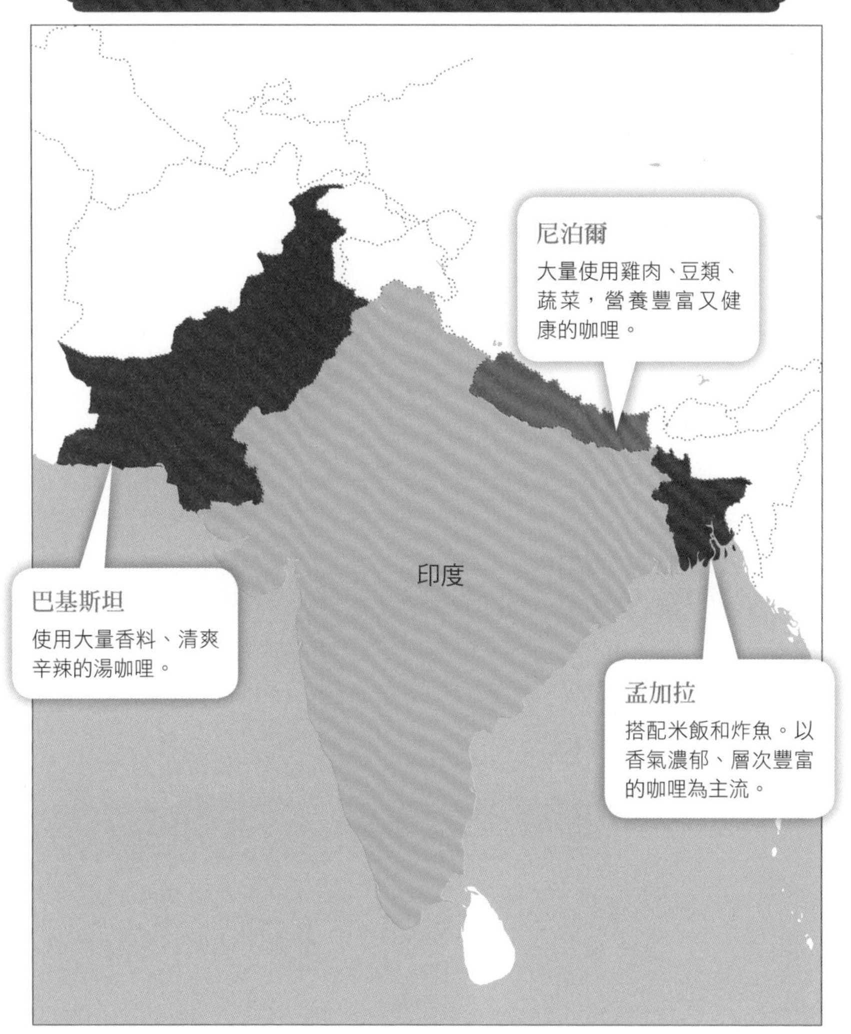

由於常用來煮咖哩的淡水魚帶有腥味，因此當地人會先將魚油炸後再加入咖哩，費工夫的料理方式也是孟加拉咖哩值得一嘗的特色。加入炸魚的咖哩辛辣、富有層次。

★ 配菜多樣的尼泊爾咖哩

尼泊爾吃咖哩會搭配多樣小菜，採取一種名為「Dal Bhat（dal 是豆子湯，bhat 是白飯）」的飲食模式。

Dal Bhat 配菜之一的蔬菜料理叫做「tarkari」，加有少許香料。

由於尼泊爾和印度一樣印度教徒眾多，咖哩不加牛肉，使用大量雞肉、豆類和蔬菜，可說是營養豐富又健康的咖哩。

尼泊爾咖哩不太辣，雖然有使用薑黃和孜然等多種香料卻幾乎不加辣椒，味道溫和，平易近人。尼泊爾咖哩與其說是咖哩，或許更像一種香料調味恰到好處的湯品。

南亞咖哩就這樣將源於印度的料理揉雜各國的飲食文化、宗教和地理特性加以改良，在各自的土地落地生根。

Dal Bhat

尼泊爾的代表性家常菜，以豆子湯（dal）、米飯、蔬菜配菜「tarkari」和辛辣的醬菜（achar）所構成。（照片來源：123RF）

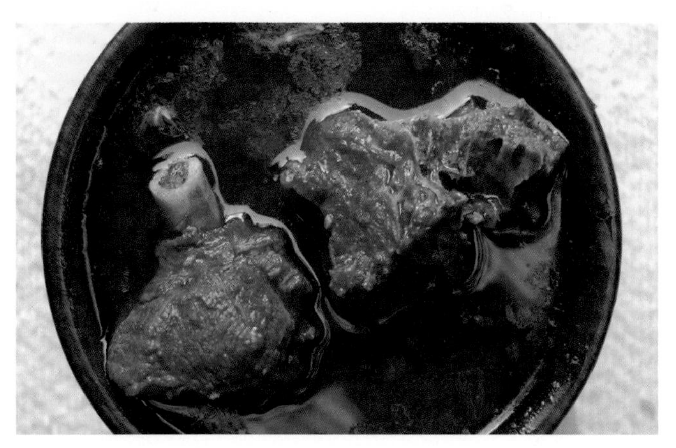

rogan josh

印度西北部與巴基斯坦常見的羊肉（山羊肉）咖哩，紅豔的色澤為其特徵。波斯話中，rogan 是「油」，josh 意指「紅色」。

（照片來源：123RF）

鮮少宗教禁忌的斯里蘭卡咖哩

斯里蘭卡是位於印度東南方印度洋上的小島。談到南亞咖哩就不能忘記這個國家。

斯里蘭卡的史書《大史》中記載，來自孟加拉地區的毘闍耶王食用類似咖哩的食物（考參考第 26 頁），可以想像咖哩應該是從印度以某種型態傳來。

斯里蘭卡歷經葡萄牙、荷蘭統治（兩國都將斯里蘭卡沿海地區打造為殖民地），於 1815 年成為英國屬地。

19 世紀初拿破崙戰爭後，歐洲各國趨向建立新秩序，召開維也納會議。根據會議中簽訂的維也納公約，斯里蘭卡成為英國的殖民地。1948 年，斯里蘭卡以「錫蘭」為國名脫離英國獨立（1972 年改名為斯里蘭卡共和國，1978 年再度更名為斯里蘭卡民主社會主義共和國）。

從宗教觀點切入，斯里蘭卡有七成國民是虔誠的佛教徒，境內有多處佛教遺跡登錄為世界文化遺產，映證其信仰的歷史。

這部分也是斯里蘭卡與其他印度教或伊斯蘭教徒眾多的南亞國家不同的地方吧。

★ 斯里蘭卡咖哩有加柴魚片？

經常有人說斯里蘭卡咖哩很合日本人的口味。這是為什麼呢？

斯里蘭卡人料理時會用名為「馬爾地夫魚」的魚乾做為調味料。

那是一種將東方齒鰆煮熟後加以煙燻、乾燥的食材，也就是日本人料理時慣用的柴魚片。斯里蘭卡咖哩因為加了這種魚乾，才變成日本人喜愛的口味。

據說，佛教於西元前 3 世紀時從印度傳至斯里蘭卡。斯里蘭卡現有 70.1%（日本外務省統計）的國民為佛教徒，國內留有許多具珍貴歷史價值的佛教遺跡。照片是位於斯里蘭卡中部的丹布勒金寺，從 2000 年前便是人民信仰的對象，1991 年登錄為世界文化遺產。（照片來源：123RF）

斯里蘭卡因島嶼外形有「印度洋的眼淚」之稱，也以盛產紅寶石、藍寶石等寶石與香醇的紅茶而聞名。此外，斯里蘭卡也是知名的香料寶庫，尤其盛產小荳寇、肉桂，歐洲各國當初的殖民地經營也是以肉桂貿易為中心起步。

此外，由於斯里蘭卡是佛教國家，不像印度教和伊斯蘭教有肉類禁忌。無論是牛肉或豬肉這些在印度幾乎吃不到的咖哩，在斯里蘭卡統統可以嘗到。這大概也是日本人容易親近斯里蘭卡咖哩的原因之一吧。

而且讓人無法忽視的，還有斯里蘭卡咖哩的「外觀」。

斯里蘭卡咖哩會將米飯與多種咖哩、蔬菜等盛在同一個盤子上，外型繽紛鮮豔。

這樣的咖哩宛如懷石料理，有點接近日本人用餐時喜歡將各色料理分別少量盛盤的感覺。

不過，問題在於「辣度」。斯里蘭卡咖哩的特色是大量使用辣椒。我前往斯里蘭卡實際考察時接觸到的當地咖哩也是辣得嚇人。

近來，斯里蘭卡咖哩在日本也開始受到矚目，備受歡迎，各地都出現了斯里蘭卡咖哩店。

四面環海的斯里蘭卡經常在咖哩中加入鮪魚、鰹魚、花枝等海鮮。照片是加了魚的斯里蘭卡咖哩。斯里蘭卡咖哩的特色是香料營造出的獨特辛辣感，但由於使用椰奶、馬爾地夫魚調味，也能同時嘗到鮮味。（照片來源：Wikimedia Commons）

馬爾地夫魚

以東方齒鰆為原料的魚乾，用日本的說法就是柴魚片。使用時會先在研缽中磨碎再加入料理，是斯里蘭卡菜不可或缺的食材。

辣度與食材別具一格的泰式咖哩

東南亞幾乎全境都吃咖哩，由於此區盛產稻米，搭配咖哩的主食是米飯而非餅類（有小部分例外）。

此外，深受印度和中國兩大文化圈影響，也是東南亞咖哩的一大特色。

例如馬來西亞和新加坡路邊攤吃的「叻沙」，這種咖哩和麵組合在一起的料理正是受中國影響的顯著例子。

由於東南亞幾乎所有國家在 19 世紀後都淪為西歐各國的殖民地，直到今日，東南亞各國的飲食文化中，依舊殘留著原殖民母國的濃厚色彩。

★ 加在辛辣中的酸甜

提到東南亞咖哩，或許很多人第一個會聯想到泰式咖哩。其實，種類繁複的泰式咖哩也已成為日本人熟悉的料理。

泰式咖哩和印度咖哩的一大差異便是香料的比例。當然，泰式咖哩也使用香料，卻是以種類豐富的辣椒為基礎。泰國調配的香料大量使用羅勒和香茅（檸檬草）等香草，因此辛辣中同時帶有酸爽的風味。

此外，椰奶和羅望子（一種味道酸酸甜甜的水果，原產於泰國和柬埔寨）也是泰式咖哩中不可或缺的食材。泰式咖哩不只辣，也能享受甘甜與酸味。

另外，以 nam pla（魚露）和 kapi（鹽漬後發酵的蝦子）等調味料增添鮮味或許也可說是泰式咖哩的獨特之道。

19世紀後期的東南亞

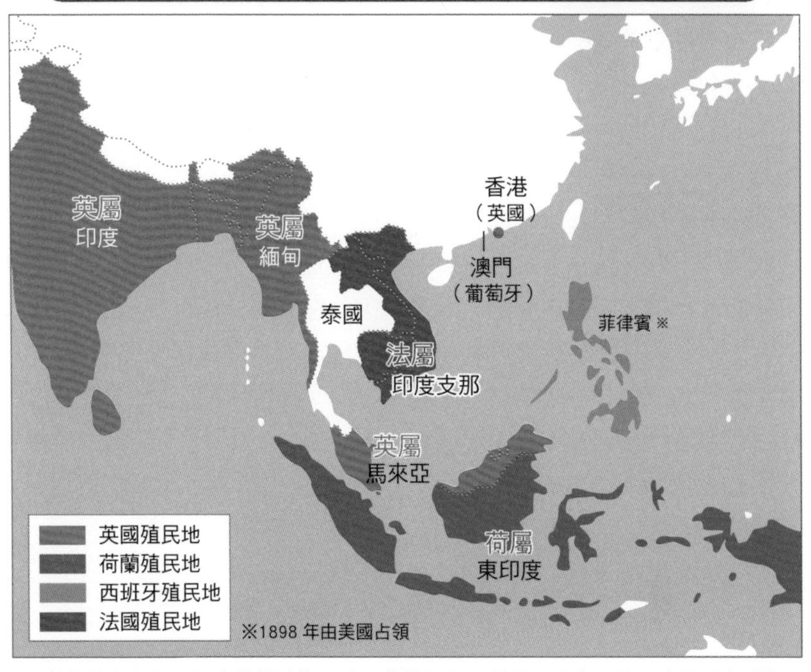

19 世紀的東南亞。列強紛紛前往此地，荷蘭主要以印尼、馬來西亞；法國以柬埔寨、越南、寮國；英國則以緬甸（舊稱 Burma）為殖民地。其中，泰國做為法國和英國的緩衝區而保持獨立。

★ 綠、紅、黃……三種泰式咖哩

泰國稱咖哩為「gaeng（kaeng）」，共有三大代表。

首先是「kaeng khiao wan」。對這個名字一頭霧水的人只要說是「綠咖哩」，就恍然大悟了吧？

綠咖哩的特色是投入了辣度強勁的青辣椒（泰國鳥眼辣椒），但日本的綠咖哩大多會放椰奶，辣度因而有所收斂。綠咖哩一般以雞肉、茄子、竹筍為食材。

第二個是「kaeng phet」。這是使用紅辣椒的咖哩，以甜椒、蝦子為食材，也就是所謂的紅咖哩。紅通通的顏色看起來雖辣，實際上卻沒有那麼辣口。

最後是「kaeng kari」，即所謂的黃咖哩。

黃咖哩為何是「黃色」的呢？那是因為加了薑黃染色的緣故。

此外，黃咖哩還有一項特色，不同於前面兩種咖哩以咖哩醬製作，黃咖哩用的是加入乾燥香料的咖哩粉。

黃咖哩是泰式咖哩中受印度影響最深的咖哩。

★ 突然成為鎂光燈中心的瑪莎曼咖哩

我還想談談另一道泰式咖哩，瑪莎曼咖哩（massaman curry）。

瑪莎曼咖哩因 2011 年榮獲美國電視台 CNN「全球前 50 大美食」第一名，一夕之間聲名遠播。其實，瑪莎曼咖哩本來只是泰國南部人吃的咖哩，在泰國人之間也不怎麼出名。

瑪莎曼咖哩中加入了大量豆蔻、小荳蔻、肉桂等香料，但這些都不是泰國的原產香料。

「瑪莎曼」的意思是「伊斯蘭教的」，顧名思義，這道菜據說是 16 世紀時，來自印度的伊斯蘭商人傳來東南亞的。

瑪莎曼咖哩用料是雞肉而非豬肉，或許也可說是這個歷史由來的佐證。

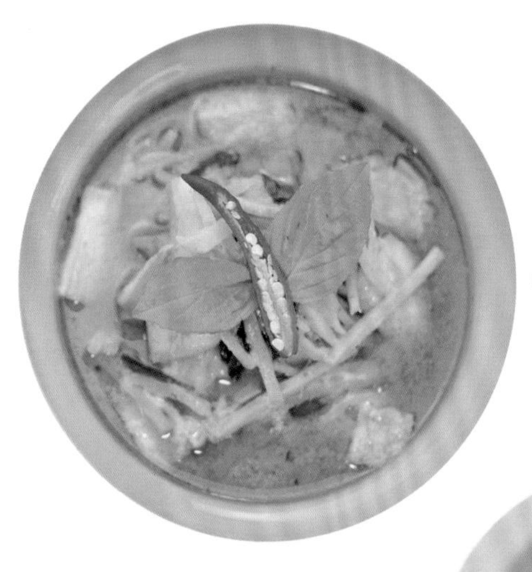

kaeng khiao wan（綠咖哩）

特色是加了辣勁十足的青辣椒。

（照片來源：123RF）

kaeng kari（黃咖哩）

跟印度咖哩一樣摻有大量香料。

kaeng phet（紅咖哩）

加有紅辣椒，外觀雖然紅通通實際上卻沒有那麼辣。

（照片來源：Wikimedia Commons）

受法國影響的越南咖哩

自西元前 111 年中國漢朝滅南越國後，越南有長達 1000 年以上的時間都在中國的統治之下。

19 世紀阮朝誕生，領土幾乎囊括今日越南全境，然而這一次卻換成法國的干涉與日俱增。1855 年，越南成為法國藩屬國。

越南終於脫離法國統治是在第一次印支戰爭結束後（1954 年簽署日內瓦停戰協議）。

在這樣的歷史經緯下，我們可以在越南料理中窺見法國飲食文化的影響。咖哩配長棍麵包就是其中一個典型的例子。

不過，實際走訪當地一趟可以知道，咖哩文化在越南並沒有那麼盛行，香料在料理中只是點綴的程度。

儘管如此，越南也有屬於自己的咖哩。

越南咖哩最大的特色就是「甜」。由於咖哩中添加了椰奶、地瓜和洋蔥等配料，辛辣中還嘗得到一股溫潤柔順的甘甜。

此外，越南咖哩中用的「Nuoc Mam」（小魚鹽漬後發酵的魚露）也是一大特色。

如同日本料理少不了醬油，越南料理也用 Nuoc Mam 來提味。

中法戰爭。法軍攻占諒山。19世紀後期，法國向中南半島進軍，目標將越南納為殖民地，與中國清朝爭奪宗主權，1884年兩國爆發中法戰爭。翌年1885年，法國戰勝，越南從此落入法國掌控。（照片提供：法國軍事博物館）

越南咖哩「cà ri gà」用的是雞肉（「gà」是雞肉的意思）。由於加了椰奶和地瓜，不太辣。越南咖哩留有殖民時代的餘韻，常搭配法國麵包。

（照片來源：123RF）

咖哩麵是文化融合的象徵？

如前所述，東南亞各國在文字、宗教等文化上深受中國、印度兩國影響。

飲食文化當然也是其中一個要素。

「咖哩麵」就是一個可以明白看出印度和中國飲食文化融合的例子。在東南亞，大街小巷都有咖哩配麵這道料理。

值得一提的是，這些麵的原料不是麵粉而是米。喜歡東南亞料理的人或許聽過「pho」（越南河粉）或「kway teow」（泰式粿條），這些皆是由米製成。

而說到咖哩麵，最近大家常常聽到的是不是「叻沙」呢？

所謂的叻沙，是馬來西亞、新加坡、印尼等地一種以椰奶為基底的咖哩麵（各地種類不同，不一定是咖哩口味），湯頭內有胡椒、肉桂、辣椒等香料，帶點辛辣，但因為加了椰奶，辣度溫和。

此外，叻沙一般用料有蝦子、貝類、豆芽菜和油豆腐，不用豬肉。最大的原因是馬來西亞和印尼為伊斯蘭教國家，新加坡也有15%的國民為伊斯蘭教徒。

★ 衝擊的外觀，咖哩魚頭

說到新加坡人常吃的咖哩，應屬「咖哩魚頭」了吧。

這是一道在咖哩中放入整顆魚頭（主要是笛鯛）的料理，將孜然、小荳蔻等香料和秋葵、茄子、番茄、鳳梨等食材一起加入陶鍋中熬煮。

其中，尤以魚眼和魚頰特別美味，整鍋料都會被掃得一乾二淨。

儘管外觀有些詭異，令人毛骨悚然，味道卻十分細緻。濃郁的魚湯

新加坡的咖哩叻沙。除了咖哩叻沙，還有加了魚湯的「亞參叻沙」和辣度比咖哩叻沙更溫和的「娘惹叻沙」。（照片來源：123RF）

讓咖哩魚頭不只是單純的辣，還能感受到一股鮮甜，也是這道菜的一大特色。

話說回來，為什麼要把魚頭加到咖哩中呢？

1950 年代，來自南印度喀拉拉邦的移工在新加坡市場發現遭到丟棄的魚頭。後來，印度移工活用這些遺棄食材做菜，據說就是咖哩魚頭的起源。

如今，咖哩魚頭跨越族群，不只印度裔居民會吃，也受到華人、馬來人的喜愛。

★ 一定要加「參巴」的印尼咖哩

那麼，其他國家的咖哩又是如何呢？首先來看看印尼。

印尼有道代表性的咖哩「kari ayam」（咖哩雞湯）。

印尼有超過八成以上的國民為伊斯蘭教徒，因此料理不使用豬肉，峇里島則是例外。峇里島有為數眾多的印度教徒，因此牛肉才是禁忌食材。

由於印尼這塊土地曾以「香料寶庫」聞名，一直以來，居民也習慣在家常菜裡添加大量香料。

印尼人跟印度人一樣，家家戶戶都會常備辣椒、薑黃、肉桂等二十多種的香料，按照各家的獨門祕方調配。

其中，最具代表性的應該就是「參巴（sambal）」的運用吧。參巴是一種辣椒醬，吃飯時用來調整各自食物的辣度。

佛教國家緬甸沒有宗教上的食肉禁忌，因此擁有伊斯蘭教徒眾多的國家不可能出現的豬肉咖哩（wet tha hin）。

緬甸咖哩對日本人而言可能有點油，不過，油裡匯集了醃製過的豬肉鮮味和蔬菜精華，獨具風味，也有人說只要吃過一次就會上癮。咖哩在緬甸與其說是拿來淋飯，似乎更常被視為一道菜餚。

此外，把麵加在椰奶咖哩雞湯中的「ohn no khao swè」是揉和鄰國印度和中國文化的緬甸名菜，屬於緬甸人的經典早餐，深受國民喜愛。

放入整顆魚頭的咖哩魚頭。在咖哩中剝開魚肉，搭配米飯享用。據說最早是印度勞工將市場裡遭遺棄的魚頭二度利用後做成的料理。（照片來源：123RF）

飲食文化拼貼，澳門的咖哩故事

澳門現在是中國的特別行政區，葡萄牙人抵達這塊土地時是 16 世紀中葉，剛好位於日本的戰國時期。

當年，葡萄牙為了取得澳門的居住權，向中國明朝繳納租金，將澳門做為租界。

然而，1842 年，英國在與中國清朝的鴉片戰爭中獲得勝利、取得香港後，葡萄牙也繼而在 1887 年取得澳門的「永久統治權」，澳門因此成為葡萄牙的殖民地。

在這樣的歷史背景下，澳門散發出一股融合東方與西方的異國情調。

以澳門的歷史城區為例，這裡中式與西式建築交雜，可以看到東西方文化交融在同一條街上。

★ 滿滿香料的非洲雞

焦點轉向飲食文化，我們會發現，澳門今日也還留有受到葡萄牙影響的料理。

那就是「非洲雞」。

非洲雞是一種先將雞腿肉以各種香料（孜然、辣椒粉、香菜籽等）調製的醬汁醃漬，再抹上椰奶燒烤的料理（每間餐廳做法略有不同）。

據說，這道菜的前身是大航海時代葡萄牙水手停靠非洲時所吃到的雞肉料理。

葡萄牙在占領印度果阿時取得了香料，又於日後征服的馬六甲王朝（15 ～ 16 世紀馬來半島南方興起的伊斯蘭國家）取得椰奶。將這

非洲雞是澳門當地料理，據說是葡萄牙水手運用航行中調度的香料所做的菜餚。
（照片提供：澳門旅遊局）

些食材以中國的方式烹調就是非洲雞。

由於非洲雞使用了大量香料，廣義上也可以稱為咖哩吧。

此外，澳門還有一著名料理菜叫「葡國雞」，感覺像是椰漿口味、味道溫和的咖哩雞。

★ 澳門在地小吃「咖哩關東煮」

澳門有自己獨特的咖哩文化，其中之一就是「咖哩麵」──咖哩牛肉湯中加入牛腩和富有嚼勁的細麵，當地一般標記為「咖哩牛腩麵」。

這是中國的「麵食」文化和印度「咖哩」文化融合後創造出新菜色的典型例子。

還有一個特別的是「咖哩關東煮」。

顧名思義，就是在咖哩內加入「關東煮料」，可以自由選擇辣度。

當然，「咖哩關東煮」是日本人自己取的通稱，澳門當地的名稱是「咖哩牛雜（魚蛋）」。

在日本，提到「關東煮」就會想到冬天，但澳門的咖哩牛雜則是一年四季都有販售的在地小吃。

加入大塊牛肉的咖哩牛腩麵。辣度因店而異，本來應該是清爽風味，但也有超辣版本。

（照片提供：伊能すみ子〔tripnote 作者〕）
https://tripnote.jp/macau/osusume-local-carry-dish

販售咖哩牛雜的攤子。有許多魚漿食品，也有內臟、青菜等配料。高湯鮮味與咖哩十分契合，是會令人上癮的美味。

選好料後店家會將食材燙一下，淋上咖哩。購買時店家會問：「要辣嗎？」可以點自己喜歡的辣度。

「歐風咖哩」與德國變種咖哩

「咖哩不是有歐風咖哩嗎？那是歐洲人吃的咖哩對吧？」

經常有人問我這個問題，但其實這種想法是錯的。一般的歐風咖哩指的是英國咖哩，因為歐洲除了英國外，其他國家都不太吃咖哩。

直到 1757 年普拉西戰役戰敗為止，法國和英國一樣力圖將印度當做殖民地。不過，法國沒有積極採納南亞飲食文化。

法國料理界並非沒有使用咖哩粉。不過，那最多只是用來「增添風味」，日本人想像中那種「燉煮肉塊和青菜的咖哩」並沒有在法式料理中普及開來。

★「歐風咖哩」是源自日本的咖哩

英國咖哩和每次烹煮時都會調配香料的印度咖哩不同，其特色是運用已經事先調好的咖哩粉。

此外，添加肉汁、尋求溫和的味道而非一味追逐辛辣，也是英國咖哩與其他咖哩不同的重點。

日本人改良這種英國咖哩營造更優雅的滋味，也就是所謂的「歐風咖哩」。

以法式高湯 bouillon 為基底，再以紅酒提味，做成法式料理的感覺。

然而請注意，歐風咖哩是日本人引用部分歐洲飲食文化後加上創意所打造的咖哩，並不存在於歐洲。

★ 德國國民料理「currywurst」

除了英國，咖哩沒有在歐洲任何一個地方落地生根為一種飲食文

歐洲沒有歐風咖哩？

英國咖哩

使用咖哩粉（混合香料）

以肉汁調味

搭配主食是米飯而非餅

歐風咖哩

使用咖哩粉（混合香料）

主要以法式料理手法將加了香料的咖哩打造得更溫潤親人。

化，但仍有例外。那就是德國。

在德國，一種叫做「currywurst」的咖哩香腸是非常普遍的街頭小吃。

currywurst 做法簡單，水煮後的香腸切成容易入口的大小，再淋上添加香料的番茄醬和咖哩粉，大部分會搭配馬鈴薯或麵包。

currywurst 是柏林名產，深受大眾喜愛，大街小巷充滿一攤又一攤的咖哩香腸外帶攤販或小店面。但據說 currywurst 其實是北德一帶廣為人知的鄉土料理。

話說回來，這道菜為什麼會加咖哩粉呢？

有一說是，二次世界大戰後德國糧食匱乏，一名在路邊販售香腸的女子偶然將香腸淋上番茄醬和咖哩粉出售，結果大獲好評，這種吃法

Currywurst 小攤子。currywurst 經常以攤車或小攤子的形式販售。點餐時可以選擇要不要去皮以及是否要加辣。

在德國人享有高人氣的 currywurst（wurst 是德語「香腸」的意思）。香腸切片淋上番茄醬（番茄紅醬）和咖哩粉，經常搭配馬鈴薯或麵包。（照片來源：123RF）

瞬間流傳開來。

時值今日，currywurst 人氣依舊不墜，據說德國人每年大約吃掉 8 億根咖哩香腸。

如同「拉麵」之於日本人，currywurst 大概就是深受德國人喜愛的國民料理吧。

黑暗歷史中誕生的南非咖哩

1488 年，葡萄牙人迪亞士（Bartolomeu Dias）抵達非洲最南端的好望角。

10 年後，達伽馬更以未知的世界為目標，抵達印度的卡利卡特，最終開拓了印度航線。

葡萄牙在好望角附近建設了印度、亞洲航線的中繼港，最後由荷蘭繼承這塊土地。荷蘭東印度公司為了建立補給站，開始移民（移居非洲的荷蘭人子孫後被稱為波爾人〔Boer〕），這就是現在南非共和國首都——開普敦的濫觴。

19 世紀初，英國占領此地，1814 年國際上承認好望角為英國屬地後，英國正式進入這塊「開普殖民地」（Cape Colony）。

之後，英國一面壓迫荷裔移民一面開拓領土，經歷 19 世紀末的波爾戰爭（Boer War）後，確立其統治南非的地位。

18 世紀末至 19 世紀初，大量印度勞工隨著英國勢力進駐移居南非。這些印度勞工將非洲的飲食習慣融入祖國飲食習慣，為現在的南非料理帶來深遠的影響。

★放進麵包盒裡的咖哩

在南非，以移居的印度人為中心也吃得到 korma、印度香料烤雞、vindaloo 等咖哩。

南非的印度料理基本上繼承了印度母國的傳統，不過，其中也有發展出自己特色的例子，那就是「bunny chow」。

bunny chow 是南非東岸港都——德班（Durban）的名菜。做法是將麵包挖出一個大洞，填入咖哩。

南非港都德班的傳統料理「bunny chow」。有人說「bunny」是從印度種姓制度中「bania」（商人）一詞而來，但源由眾說紛紜。bunny chow 的咖哩類似乾咖哩，水分較少。

（照片來源：123RF）

bunny chow 的起源據說是在南非還實行種族隔離政策（apartheid）的時代，黑人禁止在餐廳內用餐，經營餐廳的印度人便以麵包為容器，將咖哩塞進去，偷偷賣給黑人（有諸多說法）。

或許就某種意義而言，bunny chow 可說是唯有南非才能創造出來的咖哩料理吧。

印度勞工傳來的牙買加咖哩

加勒比海上的島國牙買加也吃咖哩。

牙買加自 16 世紀初被西班牙征服後即是西班牙的殖民地，17 世紀中葉成為英國領土。

英國在牙買加打造甘蔗種植園，從西非運來大量黑奴做為種植甘蔗的勞力。

此外，也有許多印度人以種植園契約勞工的身分移居此地，帶來了咖哩。

牙買加是多香果（allspice，因結合了豆蔻、肉桂、丁香的味道而得名）的原產地，牙買加咖哩也有使用這種香料。

同樣位於中美的墨西哥也有一道類似咖哩的料理「mole」。

mole 的做法是將添加可可豆、堅果、辣椒等香料的醬汁淋在雞肉上加以燉煮。雖然可可是巧克力的原料，但 mole 嘗起來並不甜。

mole 裡辣椒帶來的辛辣和濃稠的外觀雖然很像咖哩，卻與我們想像中的咖哩截然不同。

加了山羊肉的傳統牙買加咖哩。左上角是牙買加名菜「jerk chicken」，一種抹上香料後燒烤的雞肉。（照片來源：123RF）

墨西哥人氣菜餚 mole。將辣椒等香料和堅果費心研磨後再加入可可豆。特色是嘗起來帶點可可的微苦，層次豐富。（照片來源：Wikimedia Commons）

位於南美卻像亞洲的國度，蘇利南咖哩

大家知道南美洲東北部有個國家叫蘇利南嗎？這是個日本人不太熟悉的國家，或許有很多人連蘇利南位於哪裡都不甚清楚。

與鄰近國家相比，蘇利南有幾個與眾不同的特色。

首先，是官方語言。

由於南美洲大部分地區曾經是西班牙殖民地，許多國家以西班牙文為官方語言，但蘇利南過去是荷蘭殖民地（1975 年獨立），因此官方語言是荷蘭文。

荷蘭人從非洲帶來黑奴，讓他們在種植園工作。

此外，這裡還有許多來自中國、印度，以及過去同為荷蘭殖民地印尼的移民。在這樣的背景下，蘇利南不只民族結構複雜，在飲食文化上明明位處南美卻散發出亞洲風情，是個不可思議的國度。

★ 阿姆斯特丹的蘇利南咖哩

由於蘇利南有許多印度裔居民，如今的蘇利南人平常也會吃印度料理，像是吃咖哩時搭配類似印度恰巴提的薄煎餅「羅提」等等。

世界料理研究家松本梓指出，masala kip（咖哩口味的雞肉）、咖哩和羅提組成的「roti met masala kip」是蘇利南經典菜餚。

蘇利南咖哩在曾是殖民母國的荷蘭也十分受到歡迎。阿姆斯特丹現在有越來越多餐廳可以嘗到便宜又美味的蘇利南料理。

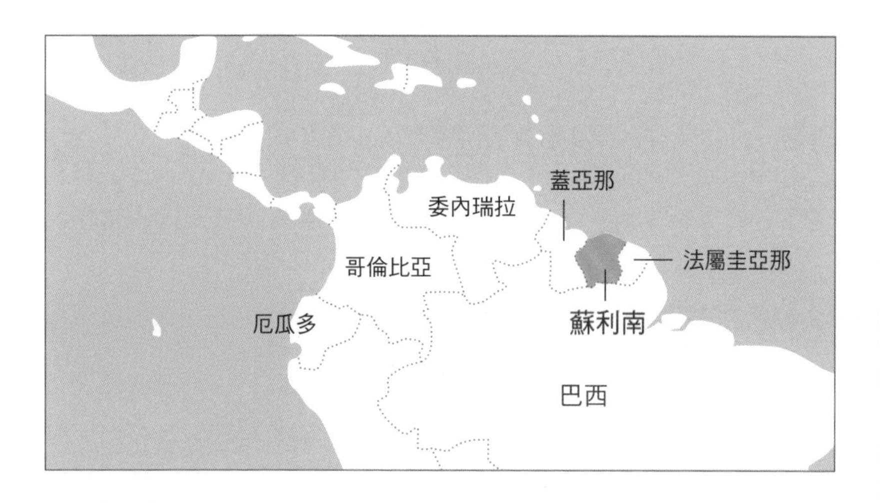

蘇利南咖哩。搭配薄煎餅「羅提」一起吃，咖哩內有四季豆、馬鈴薯等食材。（照片來源：mkrsa）

阿姆斯特丹的蘇利南餐廳，有多種菜色和主食可選擇。其中也有類似炒麵和炒飯的食物，可看出華人移民對蘇利南飲食文化帶來的影響。

（照片來源：mkrsa）

{參考網站}

「世界料理 NDISH」：http://jp.ndish.com

「來阿姆斯特丹就要吃蘇利南料理！」：https://note.mu/s03398mk/n/nce80e8fb7048

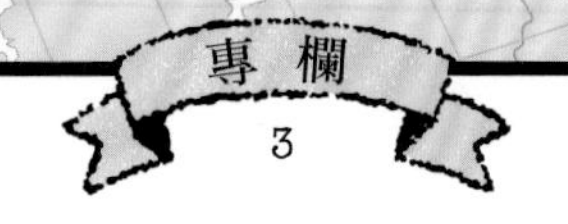

1 月 22 日是「咖哩日」

各位知道 1 月 22 日是「咖哩日」嗎？

1982（昭和 57）年，全國學校營養師協議會為了「讓大家了解學校午餐的意義和重要性」，提議全日本國中、小學在這一天提供統一的營養午餐內容。而那一天的午餐，就是「咖哩」。

活動前，協議會向全國 47 個都道府縣針對統一的營養午餐內容進行問卷調查。結果，所有縣市的第一名竟然都是咖哩（《朝日新聞》1982 年 1 月 12 日）。咖哩獲得學童壓倒性的支持。

不過，當時也有人提出謹慎的意見，擔心這場活動是一種「權威教育」，出現了正反兩種聲浪，許多縣市沒有參與。最後，當天實際供應咖哩的學校大約占全國的六成。

每年的 1 月 22 日，東京惠比壽都會舉辦「年度咖哩」大獎。

活動會表揚前一年蔚為話題的咖哩、商品或食品公司，其他業界人士也會一同共襄盛舉，掌握咖哩的潮流，熱鬧非凡。

「咖哩日」的認知度逐年提升，除了「年度咖哩」，全國各縣市或是咖哩專賣店、食品公司等也會於每年 1 月 22 日企畫活動。

1 月 22 日那天，大家千萬別忘了確認家附近有什麼樣的活動喔。

Curry

第4盤

咖哩與日本人

咖哩是從哪裡登陸日本的？

今日，咖哩身為「日本國民美食」，受到大家的喜愛。

那麼，咖哩最早是從日本的哪裡傳來的呢？

1853 年，美國提督培理（Matthew Calbraith Perry）率領的「黑船」來到日本，1854 年，美日簽訂日美親善條約，1858 年，雙方再簽下日美修好通商條約，打破日本橫跨兩百多年的鎖國體制。

開國後，西方文化一口氣湧入日本社會，一般認為咖哩即是於此一時期傳來。

關於咖哩「首度登日」的地點在哪裡眾說紛紜，其中最可信的說法是橫濱。

★ 克拉克博士將咖哩引進農學校？

另一個說法是北海道。明治維新後，政府為了推行近代化雇用了許多外國人，此一說法認為咖哩是由這些外國人傳入日本。

說到這個時期的北海道，札幌農學校（今北海道大學）的首任校長克拉克博士（Dr. William Smith Clark）可謂十分出名，據說，就是他將咖哩推行為學生餐點。

不過，雖然當時農學校的確致力改善學生飲食生活和鼓勵吃西式料理，宿舍餐點也有提供咖哩，但並不清楚是否和他有直接關係。

關於咖哩在日本的發祥地，還有橫須賀或神戶的說法，但無論哪裡，似乎都缺乏決定性的證據。

很遺憾，咖哩最初在日本傳開的地方並沒有留下紀錄。

不過，咖哩是鎖國解除後沒多久從外國人居留地傳開的這種推測未必有誤。那麼，為什麼橫濱是可信度最高的地點呢？

最大的理由是，啤酒、冰淇淋、吐司等開國後在日本傳開的西式料理，都是以橫濱為據點向全國擴散的。咖哩或許也是以相同路徑在日本普及開來的吧。

咖哩發祥地是橫濱？

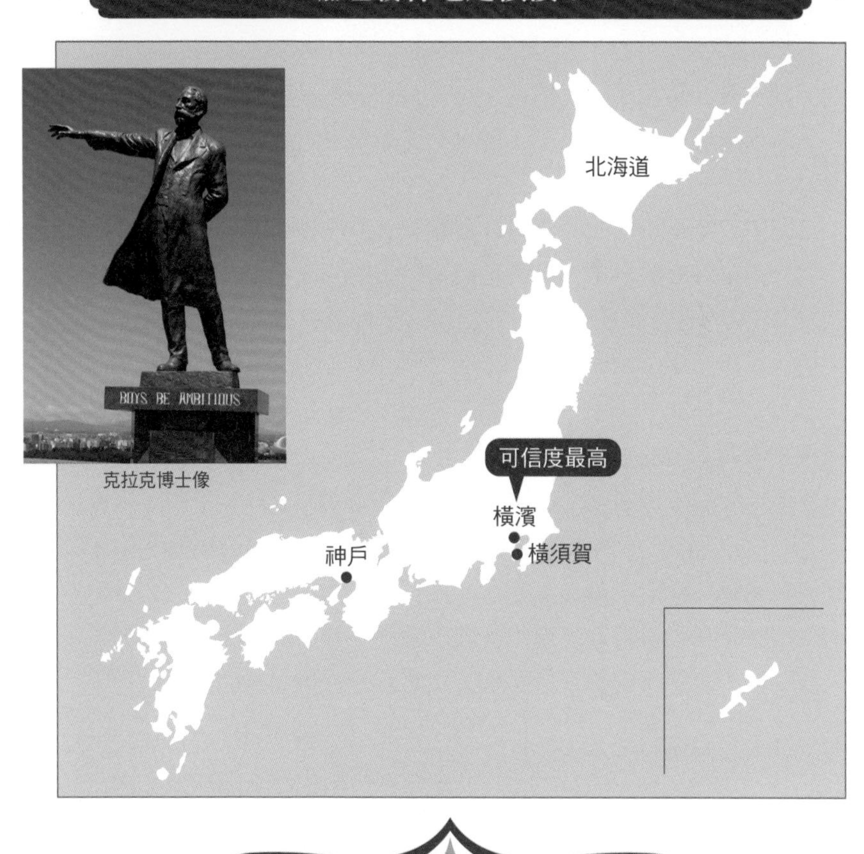

克拉克博士像

誰是第一個吃咖哩的日本人？

大名鼎鼎的啟蒙思想家福澤諭吉在其著述《增訂華英通語》（1860年）中，將「curry」這個單字翻譯成「可兒里（コルリ）」。

該書是日本最早介紹「咖哩」一詞的文獻，但並無紀錄顯示福澤諭吉本身吃過咖哩。

留下第一個「看過」咖哩紀錄的人，是第二次遣歐使節團（1864年）裡的三宅秀。

1863（文久 3）年，三宅秀在開往法國的船上，將同船印度人吃飯的樣子寫在日記中。

「其人以辣椒碎添於飯上，淋以芋頭般稠糊之物，徒手攪拌抓起食之。」

三宅用「來路不明的食物」形容咖哩，似乎沒有嘗試的意願。

第一個吃咖哩的日本人據說是明治時期的物理學家，山川健次郎。

1871 年，身為公費留學生的山川在航向美國的船上，從眾多料理中挑了「咖哩飯」來吃。

山川似乎是對早、中、晚一日三餐出現的西式料理感到害怕，因此選擇了附有米飯的咖哩飯。

然而，或許是嫌惡吧，山川並沒有品嘗飯上的醬汁，只吃了米飯。

1871 年，岩倉使節團中的久米邦武在著述《美歐回覽實記》中寫到，於錫蘭（今斯里蘭卡）吃了「咖哩飯」。

從這些紀錄可以得知，現代人理所當然吃著的咖哩，對當時的日本人而言是「來路不明的奇特食物」，對其抱持敬而遠之的態度。

日本人的咖哩體驗

第一個翻譯「咖哩」這個詞的人是？

福澤諭吉

雖然沒有留下吃咖哩的紀錄，但知道咖哩這種食物的存在，將咖哩翻譯成「可兒里（コルリ）」，介紹給日本人。

第一個目睹咖哩的人是？

三宅秀

目睹咖哩時，將醬汁形容為「如芋頭般稠糊之物」，最後並沒有吃咖哩。

第一個吃咖哩的人是？

山川健次郎

吃咖哩飯時，以「濃稠厚重，淋於其（米飯）上的液體」來形容醬汁，對咖哩醬敬謝不敏。

戰爭與咖哩的深厚關係

咖哩與戰爭。

或許有人會覺得「這兩者有關係嗎？」實際上，咖哩與戰爭有著密不可分的關係。

軍隊必須準備數量龐大的餐點。

此外，由於無法預測何時會遭遇敵人攻擊，因此軍中重視的是能迅速完成、立刻開動的餐點。而符合這種需求的，正是咖哩。

咖哩這種料理，只要將肉和青菜丟入大鍋裡熬煮，立刻就能做出幾十人的份量。此外，盛裝時只要一個盤子，整理起來也方便，再加上美味又營養均衡，是理想的軍隊伙食。

由於上述理由，明治以後，咖哩成為軍中伙食，逐漸擴散開來。

軍隊是個聚集日本各地年輕人的地方。這些士兵在演習或實戰中記住了咖哩的味道和做法，待兵役結束回到各自的故鄉，也在家裡煮起咖哩。咖哩這道料理，即是以這樣的路徑傳遍日本。

其實，咖哩能在日本普及還有另一個原因，關於這部分，容我稍後再詳細解釋。

備受重視的軍中咖哩

日俄戰爭時行軍中的日本士兵

日俄戰爭時行經濟物浦（今韓國仁川）的日本軍隊。咖哩在日俄戰爭中也是備受重視的軍隊伙食。
（照片來源：wikimedia commons © 法國軍事博物館）

用咖哩拯救海軍的軍醫

日本自江戶時代以後，「腳氣病」盛行。所謂的腳氣病，是一種因缺乏維生素 B1，下肢出現「麻痺」或「腫脹」的疾病。隨著病情發展，最壞的情況甚至會引發心臟衰竭而致命，造成嚴重的社會問題。

當時，腳氣病和肺結核並稱日本兩大國民病，尤以海軍與陸軍的罹患率特別高。

這麼多士兵罹患腳氣病的最大原因是維生素不足。當時，軍中士兵的待遇比一般百姓好，享受著吃「白米飯」的特權。

然而，跟一般百姓吃的糙米相比，白米缺乏維生素 B1 和蛋白質。

★ 營養不足 vs. 細菌感染

試圖打破這種局面的，是海軍軍醫高木兼寬。高木有留學英國醫學院的經驗，特別注意到英國人攝取的蛋白質遠遠高於日本人，推測腳氣病的高罹患率可能與營養不足有關。

然而，當時的日本並沒有那麼重視健康與食物的關係。

儘管高木試圖改善士兵飲食，為他們提供富含蛋白質的餐點，人們卻對他的主張不屑一顧。因為，當年在討論腳氣病病因時，「細菌」是更有力的一派說法。

順帶一提，主張腳氣病源於細菌的人，是知名的文學家森鷗外。時任陸軍軍醫總監的森鷗外支持細菌說，並對高木「利用飲食預防疾病」的觀點加以批判。

不過，由於海軍腳氣病患者的症狀在攝取肉類和青菜後有所改善，情勢為之一變。自從高木提供富含蛋白質的麥飯咖哩飯做為軍隊伙食後，海軍腳氣病患者的數量漸漸減少。

「腳氣病」的原因是什麼？

營養不足說	傳染病說

高木兼寬	森鷗外
主張營養說，認為腳氣病是因缺乏維生素 B1 和蛋白質等營養所引起。	對高木提倡的飲食療法不屑一顧，主張腳氣病是「細菌」引發的傳染病。

VS

高木兼寬是日本第一批獲得博士學位者中的醫學博士。此外，也因撲滅海軍腳氣病的功績獲封男爵爵位，人稱「麥飯男爵」。

日本產咖哩粉是如何普及的？

19世紀初，英國Crosse & Blackwell公司（以下稱C&B公司）開發出世界上最早的咖哩粉產品。1890年代後期至1900年代初期，日本也開始正式進口C&B公司的咖哩粉。

另一方面，日本國內則是由大阪的藥材批發商大和屋（今蜂食品股份有限公司），於1905（明治38）年開發出日本第一款國產咖哩粉「蜂咖哩」。

順帶一提，蜂咖哩內並沒有添加蜂蜜，之所以取名為蜂咖哩，是因為大和屋第二代老闆今村彌兵衛有天在昏暗的倉庫中製作咖哩粉時不經意地抬頭一望，發現有隻蜜蜂停在窗邊。那隻蜜蜂沐浴在朝陽下閃耀金色光芒的景象令彌兵衛大受感動，便將這款咖哩粉取名為「蜂咖哩」（引自蜂食品股份有限公司官網）。

「蜂咖哩」推出後，其他藥材批發商也陸續販售起咖哩粉。於是國產咖哩粉逐漸在全日本流傳開來。

不過，西式餐廳就不一樣了。

當年，越是高級的餐廳便越主張「除了C&B，其他咖哩粉都不是咖哩粉」，對國產咖哩粉棄之如敝屣。

★「假冒事件」讓國產咖哩粉翻身？

不過，1931（昭和6）年，日本國內爆發了一起「C&B咖哩粉假冒事件」。C&B咖哩粉的原料和製作方式一直都是一層謎，卻有業者被揭露將國產咖哩粉裝在C&B咖哩粉空罐中冒名販售。

然而，由於這款「假咖哩粉」和C&B公司的咖哩粉味道並無顯著差異，有好一段時間都沒被察覺是假貨。諷刺的是，這起假冒事件成為國產咖哩粉評價上升的契機。

過去不受青睞的國產咖哩粉和 C&B 咖哩粉相比毫不遜色，價錢又更加合理，開始在餐廳普及開來。

此外，普通民眾也產生了「輕鬆製作咖哩」的需求，售價相對便宜的國產咖哩粉逐漸滲入一般家庭。

蜂食品推出的「蜂咖哩」

1938（昭和 13）年舉辦的試吃促銷活動。咖哩一點一滴融入一般民眾的生活。
（照片提供：蜂食品股份有限公司）

大和屋第二代老闆——今村彌兵衛調配多種香料而成的「蜂咖哩」。照片是昭和初期發售時的包裝。
（照片提供：蜂食品股份有限公司）

博斯與奈爾

1915（大正 4）年，一名印度人亡命逃到日本。

他的名字叫做拉什・貝哈里・博斯（Rash Bihari Bose）。1886（明治 19）年生於印度孟加拉地區的博斯，在當時仍受英國統治的印度參與獨立運動，因為與襲擊印度總督行動有關而遭印度政府通緝。博斯為了逃離追緝，亡命來到日本。

不過，當時的日本和英國締有英日同盟，不可能讓同盟國的敵人在國內逍遙法外，外務省便命博斯離國。

知道這件事後，有個人藏匿了博斯。那就是自 1901（明治 34）年創業以來便持續製造、販售麵包和點心的「新宿中村屋」創始人，相馬愛藏。

藏身在中村屋的博斯，就在日本的土地上展開祖國的獨立運動。

★ 日本正宗印度咖哩之父

除了革命家的身分，博斯還有身為「日本咖哩之父」的另一面。

昭和初期的日本，咖哩已經在普羅大眾間流傳開來，博斯卻十分不滿。

「東京的咖哩飯不好吃啊。用的油不好，都是麵粉，吃起來很噁心。」（引自報紙採訪）

日本當時的咖哩是從英國傳來的歐風咖哩，與博斯在印度吃的正宗咖哩是南轅北轍的兩種東西。那時，愛藏剛好考慮要為中村屋開設喫茶部（餐廳），博斯便提議在菜單中放入「純正印度咖哩」，結果暢銷大賣。

「純正印度咖哩」推出時的售價是 80 錢，當時西餐廳的咖哩則是

中村屋與博斯的深厚關係

博斯
（1886～1945年）
與中村屋創始人相馬夫妻之女——俊子結婚，兩人育有一子一女。1923（大正12）年歸化日本，取名「防須」。為他命名者，即後來的首相犬養毅。
（照片提供：中村屋）

當年販賣的「純正印度咖哩」。雖然也有許多顧客對帶骨的肉塊和強烈的香料氣息感到不知所措，但印度純正咖哩的味道依然獲得好評，業績蒸蒸日上。
（照片提供：中村屋）

10錢左右。由此可知純正印度咖哩以高級客群為目標，儘管如此，銷售量仍是一飛沖天。

★ 創立正宗印度餐廳的A.M.奈爾

說起將正宗印度咖哩介紹給日本的人，就不能不提另一名和博斯同樣重要的A.M.奈爾（A.M. Nair）。

奈爾出生於印度南部的喀拉拉邦，他和博斯一樣，投身於印度獨立運動。

1928（昭和 3）年，奈爾前來日本留學，進入京都帝國大學（今京都大學）的土木工程系。奈爾因為參與政治活動的關係無法待在印度，便想著既然如此，若是在日俄戰爭中戰勝俄國的日本或許能有條活路。

來到日本後，奈爾認識了前文提到的博斯。

奈爾透過博斯，和日本軍方相關人士、亞細亞主義支持者和政治家們有了更深層的交流，直到戰後都一心推動祖國的獨立運動。

★ 透過咖哩搭起日印間的橋梁

1947（昭和 22）年 8 月印度成功獨立後，奈爾依然留在日本，為日印兩國間的友好奉獻餘生。

其中一件事即是開設印度餐廳。

1949（昭和 24）年，奈爾秉持著「日印親善就從廚房開始」的信念，於東京銀座開設了日本第一間印度餐廳「Nair's Restaurant」。

1952（昭和 27）年，奈爾和友人小泉中三郎一起成立「Nair 商會」，經營印度食材與香料進口事業。

奈爾獨門調配 20 種以上的香料所製成的咖哩粉「INDIRA Curry」是至今仍持續販售的長銷商品。

日印之間的橋梁，奈爾

奈爾
（1905～1990年）
與博斯一起以印度獨立為目標展開政治活動，為戰後前來日本參加東京審判的帕爾法官（Radhabinod Pal）擔任口譯。因對日印親善盡心竭力，功勞獲得肯定，獲頒勳三等瑞寶章。
（照片提供：Nair's Restaurant）

奈爾和旭食品（今Nair商會）技術合作開發的「INDIRA Curry」。推出以來，一直延續相同的包裝設計。

日本人一定都吃過！營養午餐咖哩

前文寫到，咖哩在日本普及開來是因為明治後被採用為軍隊伙食的緣故，但其實還有另一個原因，那就是戰後的「營養午餐」。

二次大戰結束後，原本只有部分地區開辦的營養午餐自 1951（昭和 26）年 2 月起，擴大至全國實施。到了隔年的 1952 年 4 月，全日本的小學都能吃到營養午餐（引自全國學校給食會聯合會）。

不過，學校午餐的咖哩並非一開始就是「咖哩飯」。1948（昭和 23）年，使用「咖哩粉」的菜色首度在營養午餐的菜單上登場。當時的日本仍處於物資缺乏狀態，食品公司將原料提供給東京都內的學校製作營養午餐後大獲好評（引自全日本咖哩工業合作社）。

由於此時期咖哩粉數量不多，與其說是咖哩，其實是咖哩湯或咖哩燉菜，調味上也只有鹽和咖哩粉這種簡單的味道。

所謂的「咖哩飯」在營養午餐上登場，是 1970（昭和 45）年，政府開始實驗性地將米飯導入學校之後。

在學校營養午餐中體驗到咖哩的孩子長大後也喜歡吃咖哩，在家裡製作自己喜愛的咖哩，他們的小孩也熟悉那種滋味。咖哩就這樣跨越世代，受到人們的喜愛。

過去的營養午餐和今日的咖哩營養午餐

享用營養午餐的學童（1950 年代後期～ 1960 年）。當時的孩子吃的是以「咖哩湯」方式呈現的咖哩。

（照片提供：獨立行政法人日本運動振興中心）

現在營養午餐的咖哩十分多元。有扁豆咖哩、咖哩魚，也有照片上這種乾咖哩和饢餅的組合。（照片提供：館林市教育委員會）

咖哩塊與咖哩調理包的誕生

1952（昭和 27）年，點心製造商 Bell 食品（今 Bell 食品工業）推出固體的「Bell 咖哩塊」，成為熱門商品。

模仿巧克力磚的固體咖哩塊在使用上更方便稱手，轉眼間便在一般家庭中普及開來。

當時的咖哩塊比現在的咖哩塊稍微大一點，一片 8 人份，設計成可四等分使用。

咖哩塊不像咖哩粉，不用費功夫測量，深受家庭主婦推崇。

當時的人們喜歡能夠輕鬆調理的東西，咖哩塊搭上這股風潮獲得許多人的支持。

之後，1954 年惠壽美食品（今愛思必食品，S&B FOODS）發售「惠壽美咖哩」，1960 年 House 好侍食品的「印度咖哩」，江崎固力果的「固力果 one touch 咖哩」，1961 年 Kinkei 的「明治 Kinkei 咖哩」，各大公司也陸續推出自家品牌的咖哩塊。

1965 年，日本的咖哩塊生產量為 3 萬 3 千噸，1975 年為 8 萬 6 千噸，到了 1995 年已經成長為 10 萬 2 千噸。

順帶一提，1958（昭和 33）年，日本市場出現第一款泡麵（日清食品），1960（昭和 35）年，即溶咖啡（森永製菓）登場，咖哩塊可說是引發即食食品風潮的先驅吧。

★ 咖哩調理包之父是美軍？

咖哩調理包也是即食咖哩的一種。

調理包的英文是「retort pouch」。retort 是高壓加熱的殺菌鍋。將食材放入專用袋（pouch），施以高壓、高溫殺菌。

咖哩麵糊分類

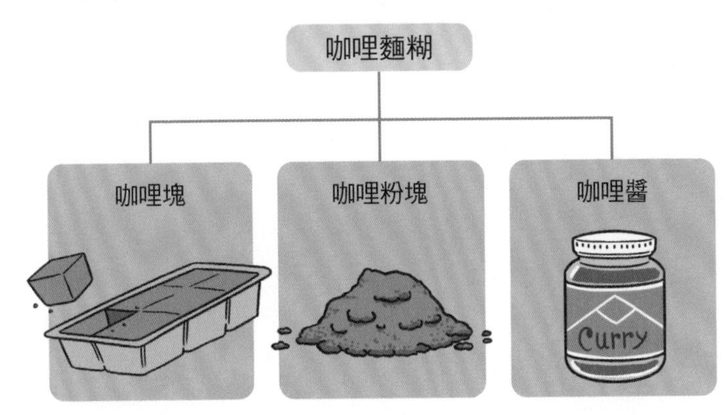

咖哩麵糊（roux）主要有三種形狀（固體、粉塊、醬糊狀）。
咖哩粉塊即壓碎的咖哩塊，下鍋後更易溶解，不會結塊。

1950 年代發售的咖哩塊

Bell 咖哩塊

1952 年發售，日本最早的咖哩塊。

（照片提供：Bell 食品工業）

惠壽美咖哩

1954 年惠壽美食品（今愛思必食品）推出的正式咖哩塊。

（照片提供：愛思必食品）

調理包食品的開發始於 1950 年代，是美國陸軍為了替代罐頭所開發的軍隊攜帶口糧。

由於是真空包裝，可長時間在常溫下保存又不會像罐頭那樣膨脹，方便隨身攜帶。

此外，調理包不需要開罐器之類的工具，便於食用也是一大優點。

1969（昭和 44）年，月球探測器阿波羅 11 號裝載著名為「Lunar-pack」的密封包（有牛肉、法式蔬菜燉肉等五種品項）做為太空人的食糧，使得調理包食品廣為大眾所知。

1960 ～ 1970 年代，歐美國家雖然嘗試將調理包食品運用在家庭中，普及程度卻不佳，也沒有再進一步開發家用調理包。

這是因為大型冰箱當時已進入一般家庭，人們沒有在常溫下保存食物的需求，平常煮飯則靠烤箱加熱。

★ 日本最早的咖哩調理包是「Bon 咖哩」

1968（昭和 43）年，運用這項技術的咖哩調理包也在日本登場了，那就是「Bon 咖哩」。

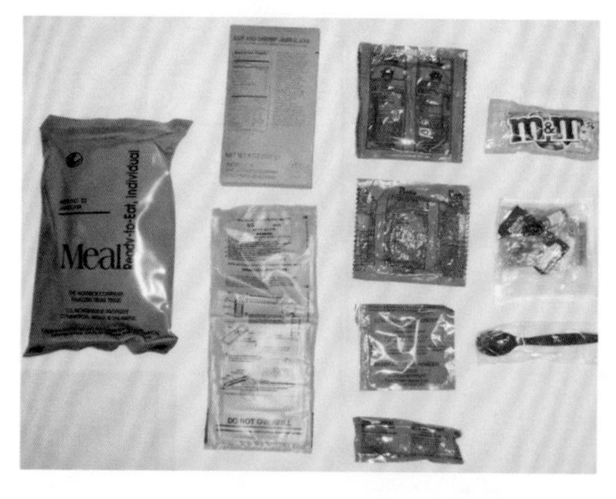

美軍實際使用的調理包攜帶口糧 MRE。MRE 是 Meal Ready to Eat 的縮寫，由於早期 MRE 的味道差強人意，因此也有人揶揄它是 Meals Rejected by Everyone（人人嫌棄的食物）。

（照片來源：Wikimedia Commons）

調理包的構造

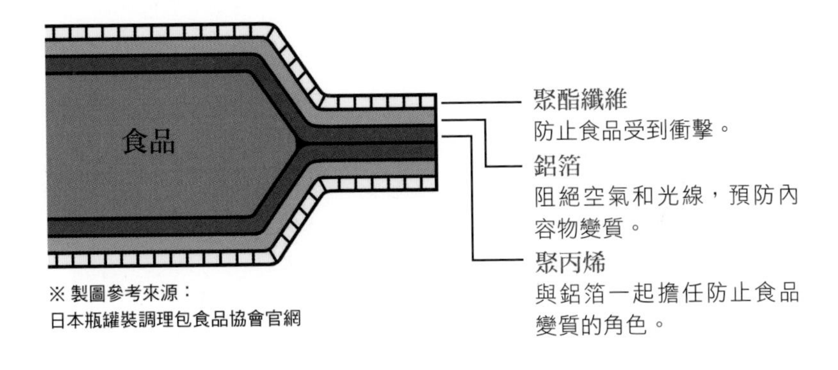

※ 製圖參考來源：
日本瓶罐裝調理包食品協會官網

Bon 咖哩是咖哩業界的新人大塚食品以「只要以熱水加熱就能食用」為目標，反覆實驗，經歷多次失敗後所開發出來的商品。

由於製作調理包的技術是美國陸軍開發的「軍事技術」，無法取得，因此，大塚食品不得不從零開始研發。

Bon 咖哩推出時的包裝是利用聚酯纖維和聚乙烯做出半透明雙層結構，1969 年，大塚食品在聚酯纖維和聚乙烯之間加入鋁箔，將包裝改良成三層，讓調理包得以長期保存（3 個月→ 2 年）。

順帶一提，相較於當時餐廳一份咖哩飯 100 日圓，Bon 咖哩的售價是 80 日圓。

★ 咖哩調理包市場急速成長

此時，日本恰好處於經濟高度成長期，全國經濟突飛猛進，人們的生活有了巨大的改變。

在整體社會追求效率的氛圍下，大幅縮短料理時間的咖哩調理包得到廣泛客群的青睞。

Bon 咖哩的成功讓同業其他公司也加速投入市場。

1971（昭和 46）年，好侍食品推出「咖咖樂咖哩（kukure）」，咖哩調理包市場愈發蓬勃。之後，咖哩調理包的生產量與日本人用餐單人化相互影響，逐年攀升。

近年，日本有超過 100 間的企業生產調理包食品（引自日本瓶罐裝調理包食品協會）。我們或許可以說，調理包食品已經深植日本人的飲食生活。

像是在證明這點般，2017（平成 29）年，咖哩調理包的銷售額首度超越了咖哩塊（可參考右頁）。

最大的因素應該是單身獨居者的增加。

烹調不費工夫的咖哩調理包對單身獨居者而言有多方便就不用多說了。

最近，有些咖哩調理包還與知名餐廳聯名，重現名店美味，有些講究「食材」使用品牌牛肉，更有能品嘗到外國咖哩滋味者，無論陣容還是種類都豐富多元。從這個趨勢可以看出，咖哩調理包的市場正持續擴大發展。

今後，咖哩調理包的需求會再更進一步成長吧。

1968（昭和43）年大塚食品推出的「Bon咖哩」。起用演員松山容子做包裝形象是劃時代的設計。「100%牛肉、細火慢燉新鮮蔬菜、3分鐘呈現道地美味」，文案直截了當表現出商品特徵。

（照片提供：大塚食品）

咖哩塊與咖哩調理包的銷售變化

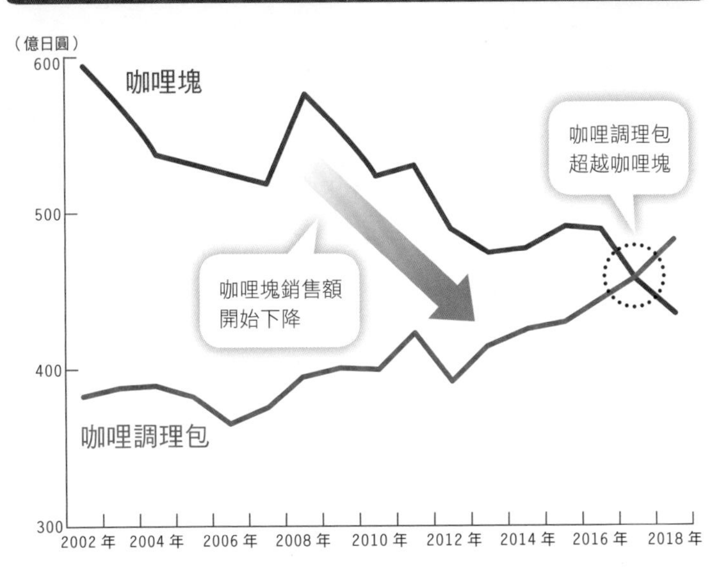

※製圖資料來源：INTAGE食品SRI

咖哩調理包的製作過程

我們平常吃的咖哩調理包是怎麼製造出來的呢？知道製作方式後，應該也會覺得咖哩包嘗起變得更濃醇。接下來，讓我們以好侍食品的靜岡工廠為例，一起探索咖哩調理包的具體製作流程吧。

① 準備材料

準備咖哩粉。以「咖哩屋」系列為例，特調香料就包含了肉桂、小荳寇、黑胡椒等 29 種香料，配合日本人的喜好調配。

② 熬煮咖哩

將拌勻的咖哩粉放入鍋中熬煮。一個鍋子一次可製作約 8 千人份的咖哩醬汁。

③ 秤量配料（1 人份）

秤量肉、馬鈴薯、胡蘿蔔等配料。利用電腦將配料分成 1 包調理包的量。

④ 填裝

將配料和咖哩醬汁裝入調理袋密封。

⑤ 殺菌

放入殺菌鍋，高壓加熱殺菌（120℃，30 分鐘），因此不用防腐劑。

⑥ 包裝

將殺菌後的產品個別包裝。1 分鐘可包超過 200 盒。

⑦ 全日本出貨

以 X 光、金屬探測器（檢測是否混入金屬片）檢查內容物。最後經過機械和真人測試味道，向全日本出貨。

（照片提供：好侍食品）

作者嚴選 在地咖哩調理包 TOP 10

從全國在地的咖哩調理包中
精心挑選出特別推薦的品牌。
充分運用地方特色的咖哩，
每一道都是「必吃」！

北海道
札幌
湯咖哩之素

山形縣
遊佐咖哩
大人的甜味

長野縣
燒肉收尾的
乾咖哩

東京都
蔬菜我最大咖哩

愛知縣
松阪牛咖哩

大阪府
炭火燒肉
田村的肉咖哩

長崎縣
牛尾咖哩
gorotto

大分縣
大分和牛白咖哩

鹿兒島縣
甜酒咖哩

印度
IICA
korma
咖哩雞

北海道

札幌湯咖哩之素（Sorachi）

只要加入配料就能簡單重現札幌名產湯咖哩，深受好評。是湯咖哩調理包的代表也是北海道必買伴手禮。

山形縣

遊佐咖哩 大人的甜味（Foodelight-Shonai）

扎實多汁的甜椒、甘甜可口的地瓜……調理包中大量運用物產豐饒的遊佐特產食材。蔬菜精華友善身體，在甜苦之間達成絕妙平衡。

東京都

蔬菜我最大咖哩（JA 東京武藏）

調理包內的馬鈴薯、胡蘿蔔、番茄、洋蔥等都是東京都內農地的產物。以悉心栽培的新鮮蔬菜為主角，健康滿分。

長野縣

燒肉收尾的乾咖哩（丸萬）

這款調理包是日本燒肉店密度最高的長野縣飯田市「專門」為吃燒肉收尾而打造的咖哩。以羊肉為主體的乾咖哩吃起來像茶泡飯一樣清爽。

愛知縣

松阪牛咖哩（杉本）

放入大塊大塊松阪牛的奢華牛肉咖哩。以高級牛肉、蔬菜、水果和獨門特調香料細火慢燉而成，實屬人間美味。

大阪府

炭火燒肉田村的肉咖哩（田村道場）

搞笑藝人田村憲司開的人氣燒肉店「炭火燒肉田村」所開發的咖哩調理包，口味辛辣有層次，滿滿的肉塊，充分的飽足感。

長崎縣

牛尾咖哩 gorotto（長崎豐味館）

調理包嚴選整塊「牛尾肉」，悉心熬煮的牛尾軟嫩得彷彿入口即化，法式醬汁呈現優雅滋味。

大分縣

大分和牛白咖哩（坂井建設）

以「用咖哩為喜事獻上祝福」為概念而開發的白咖哩。調理包中備有福神漬和梅乾等紅色食材，以紅白雙色祝賀。使用在地品牌牛「大分和牛」也是一大特色。

鹿兒島縣

甜酒咖哩（河內源一郎商店）

百年以上的種麴老鋪──河內菌本舖開發的咖哩調理包。獨家配方是只以米麴和米釀製的無酒精甜酒，以麴飼料養育的麴豚豬肉為配料。

印度

IICA korma 咖哩雞（咖哩大學）

印度首屈一指的廚藝學校 IICA 聯手日本代表性的咖哩專業團隊，將印度經典菜餚「korma 咖哩」製成商品。不用去印度也能享受和當地一樣的美味！

咖哩潮流如何演變？

咖哩的潮流每年都在改變。

過去，日本曾經興起過五花八門的咖哩風潮。

像是 2001 ～ 2002 年的咖哩專賣店風潮。因「橫濱咖哩博物館」開幕（2001 年），入駐館內的咖哩店成為鎂光燈的焦點，其影響波及全國。

也是在這個時候，大型食品公司開始推出由咖哩專賣店冠名的咖哩調理包。

此外，現在大家十分熟悉的湯咖哩，也是因為橫濱咖哩博物館才廣為人所知。

由於博物館招攬了札幌湯咖哩名店「Magic Spice」進駐，關東的湯咖哩餐廳如雨後春筍般出現，刮起一股廣大的湯咖哩風潮。

2008 年的特色乾咖哩風潮成為乾咖哩進入日本家庭的契機。除了傳統印度乾咖哩，原創的特色乾咖哩也登上舞台。或許是因為不會過辣這點很合日本人的口味，特色乾咖哩瞬間普及開來。

2012 年，日本興起一股咖啡廳帶起咖哩風潮的現象。此時人們關注的焦點是奶油咖哩雞、綠咖哩、印度香料烤雞等料理。乍看之下像是走錯棚的咖啡廳會出現咖哩潮流，或許可說是咖哩在日本飲食生活中根深柢固的證據吧。

主要的咖哩風潮

2003 年

咖哩烏龍麵風潮

全國各地出現了有別以往的創新咖哩烏龍麵，還舉辦了紀念咖哩烏龍麵普及全國 100 年的活動。此外，食品公司推出咖哩烏龍麵新產品都加速了這股風潮。

2007 年

咖哩鍋風潮

如今大家都非常熟悉的咖哩鍋在當時也是嶄新的創意。比起味道，咖哩鍋提供的是將咖哩裝在鍋子裡，可以一大群人享用的樂趣，帶出新的飲食風貌。這股風潮中，不只街頭出現咖哩鍋專賣店，居酒屋的菜單上也出現咖哩鍋的身影。

2015 年

金澤咖哩風潮

金澤咖哩的獨家特色就是以叉子或叉匙吃著用來搭配濃稠咖哩醬的高麗菜絲。這股風潮的先驅是自 2004 年新宿一號店開幕後，以關東、北陸地區為中心向全國展店的「Go! Go! 咖哩」。

日本最愛吃咖哩的縣市是哪裡？

日本最愛吃咖哩的地方是哪一座城市呢？

按一般邏輯思考，應該會想到人口眾多、集結琳瑯滿目咖哩店的東京，或是一樣人口繁多、以庶民派咖哩為主流的大阪，抑或湯咖哩起源地的札幌吧？

很可惜，以上三者都不是正確答案。

日本咖哩消費量最高的地方是鳥取市。

根據總務省每年進行的家庭收支調查（以縣廳所在地及政令指定都市為對象），2016～2018年人均咖哩塊的購買金額與購買數量都由鳥取市奪冠。

從咖哩塊的購買金額來看，大阪市和東京都意外地分別落在第37和47名。

★ 多次榮登首位的鳥取市

不僅如此，鳥取市不只如前述連三年居冠，過去也有好幾次獲得第一的紀錄。

總務省的調查是咖哩塊的購買金額和數量，不包含外食的咖哩。

如果加上外食咖哩的話，統計結果或許會有所不同，但無論如何，鳥取人特別愛咖哩是毋庸置疑的。

令人在意的是，為什麼會是鳥取市呢？

★ 鳥取市民為什麼熱愛咖哩的三大假設

為什麼鳥取人會大量消費咖哩呢？

我也曾試著從各種角度調查卻都沒有找到明確的理由。不過，關於

咖哩塊消費量排行榜（2016～2018年人均）

鳥取市壓下其他人口眾多的都市，長期蟬聯榜首。有一種說法是，二次大戰結束後英軍在鳥取駐紮，咖哩許是在這個時期以某種形式滲入了鳥取人的生活。

支出金額（單位：日圓）		
全國平均		1,474
1	鳥取市	1,902
2	新潟市	1,800
3	松江市	1,704
4	青森市	1,641
5	富山市	1,638
48	岐阜市	1,355
49	濱松市	1,351
50	甲府市	1,340
51	北九洲市	1,287
52	神戶市	1,195

購買數量（單位：公克）		
全國平均		1,453
1	鳥取市	1,898
2	新潟市	1,730
3	富山市	1,656
4	青森市	1,652
5	札幌市	1,620
48	橫濱市	1,297
49	北九洲市	1,280
50	那霸市	1,278
51	東京都區	1,230
52	神戶市	1,092

※ 資料來源：總務省統計局家庭收支調查「（兩人以上戶口）都道府縣廳所在市及政令指定都市按消費項目分排行」

「鳥取咖哩之素」（照片左）。豪氣地使用二十世紀梨、砂丘牛蒡、砂丘蕗蕎等鳥取特產的咖哩風味調味料。
鳥取名產咖哩之一的「零餘子咖哩」（照片右）。以鳥取縣中部砂丘採收的山藥「零餘子」為主要配料的咖哩。

（照片提供：鳥取咖哩研究所）

這個現象有幾種假設。

首先，是鳥取為米鄉。

鳥取市自古就是著名的米鄉，從前面總務省的排名來看，咖哩塊支出金額、購買數量第二名的縣市，果然是另一座米鄉新潟市。美味的米飯是咖哩飯不可或缺的要素，鳥取市就擁有這樣的條件。

第二是蕗蕎產量。

蕗蕎是大家都熟悉的咖哩配菜，鳥取縣則是全日本蕗蕎產量最高的地方。

鳥取縣幾乎每個家庭都有一罐醋漬蕗蕎。我們也可以推測，鳥取人煮咖哩是為了吃蕗蕎。

第三個説法是鳥取女性的高就業率。

從總務省國稅調查中的「都道府縣別女性就業率變化」來看，鳥取縣和福井縣、島根縣並列，都是每回榜上前五名的常客。

女性就業率越高，表示雙薪夫妻越多。然而，雙薪家庭無法將太多時間分配在做飯上，因此餐桌上登場的就是能簡單迅速完成的咖哩。

關於咖哩在鳥取普及的原因還有一種説法，認為或許跟其保守的風氣有關。

文章之前説過，咖哩一口氣在日本流傳開來是因為被納為軍隊伙食和學校營養午餐的緣故，而保守地區則比較容易保存這類時間積累形成的文化。

以上，向大家介紹了為什麼鳥取會大量消費咖哩的三種假設。

鳥取人愛咖哩或許不是單一因素，而是各種條件交互影響的結果。無論如何，我們可以觀察鳥取今後是否會繼續連霸「日本最愛咖哩的縣市」。

為什麼鳥取的咖哩消費量會是全日本第一？

盛產稻米

好山好水的鳥取自古就是著名的米倉。據說，鳥取縣西部的米子市之所以叫「米子」，便是從「米生鄉」這個意味著稻米時時豐收的名字而來。

蕗蕎產量第一

蕗蕎以咖哩配菜而聞名，鳥取縣的蕗蕎產量則是日本第一。鳥取縣東部和中部砂丘所培育的蕗蕎口感爽脆，緊鄰鳥取砂丘的福部村也是日本屈指可數的知名蕗蕎產地。

女性在職率前段班

根據總務省統計局「都道府縣別雙薪夫妻戶口數及占比」的調查，2012 年鳥取縣雙薪夫妻戶口的比率為 52.7%，2017 年為 54.9%，即使以全國標準來看也是很高的比例。鳥取人或許是為了家事的效率而選擇咖哩。

札幌為何會出現湯咖哩？

今天，札幌發明的湯咖哩感覺已經是一種固定的咖哩類型。

湯咖哩會在日本普及開來，應該是源於 2003 年的湯咖哩風潮。策動這股風潮的，就是將全國咖哩專賣店集結於一堂的橫濱咖哩博物館（可參考第 164 頁）。

在那之前，湯咖哩在北海道以外的地方幾乎沒沒無名。博物館的想法是「如果能請到名店來開店，讓大家知道湯咖哩的存在，應該會有很多人喜歡吧？」

因此，博物館便向當時北海道最受歡迎的的湯咖哩店「Magic Spice」提出邀請。計畫實現後，媒體馬上競相報導這種日本國內少見的咖哩，「湯咖哩」瞬間打開知名度。也因為大型食品公司推出即食調理包，湯咖哩開始進入一般家庭當中。

★ 湯咖哩的歷史

湯咖哩的誕生年代是 1970 年初。據說，「藥膳咖哩本舖 Ajanta」菜單中的咖哩湯就是始祖。

不過，當時用的不是湯咖哩這個名字，而是「藥膳咖哩」、「斯里蘭卡咖哩」等，每家店使用不同的稱呼。將這種料理取名為「湯咖哩」的，是前文提到的「Magic Spice」。

順帶一提，發明湯咖哩的「Ajanta」1971 年時本來是間咖啡廳，因為店裡供應給常客的藥膳咖哩蔚為話題，1976 年才開始以「藥膳咖哩本舖 Ajanta」的店名營業。

藥膳咖哩運用豐富的香料，追求美味與健康。如今許多湯咖哩專賣店都是受到「Ajanta」的影響。

湯咖哩是什麼樣的咖哩？

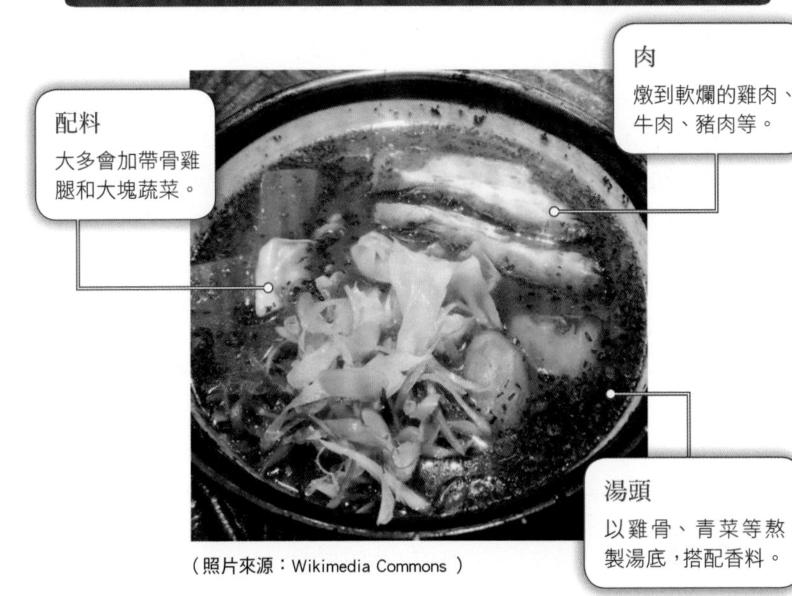

（照片來源：Wikimedia Commons ）

名震全日本的湯咖哩四大名店

藥膳咖哩本舖 Ajanta	發明湯咖哩的始祖。
Magic Spice	湯咖哩風潮的先驅名店。
斯里蘭卡狂我國	斯里蘭卡咖哩的人氣餐廳，傳達香料的魅力。
木多郎	番茄湯咖哩的源頭，推出青菜加料的服務。

★ 湯咖哩的特色是獨門湯頭與大塊蔬菜

那麼，所謂的湯咖哩具體而言是什麼樣的料理呢？雖然從名字可以得知這是款湯汁類的咖哩，但跟一般的咖哩又有什麼不同呢？

兩者最大的差異就是湯咖哩會在製作之初以雞骨和蔬菜熬製湯底，這是一般咖哩所沒有的工序。

就像拉麵一樣，每間湯咖哩店都會開發獨門湯底，搭配各式各樣的香料，打造富有深度的湯頭。

此外，湯咖哩的另一特徵就是豪邁的配料。剁成大塊大塊的胡蘿蔔、馬鈴薯等蔬菜和帶骨雞腿是基本配備。

平常的咖哩是醬汁和配菜一起熬煮，湯咖哩的湯汁和配菜則是不同鍋，分開烹調，配菜最後才加到湯汁裡。

一般咖哩擱置一段時間後配菜會吸附醬汁，變得更加美味，湯咖哩因為配菜和湯汁分開調理，於剛起鍋時最好吃。

湯咖哩為何會出現在札幌？

抵抗嚴寒

身處氣候嚴寒的北海道，追求讓身體暖和的食物是人之常情。因多樣香料而能促進發汗的咖哩，也能有效提高體溫。

農業發達，食材豐富

湯咖哩的特色是內含大塊大塊營養豐富的蔬菜。耕地面積占全日本 1/4 的北海道，蔬菜取得方便，簡直是食材的寶庫。

北海道民熱愛拉麵無人能比

旭川醬油拉麵、函館鹽味拉麵名聲赫赫，札幌則是味噌拉麵的發祥地。北海道民本就熟悉湯品，會創造出湯咖哩也是一種必然？

發源於大阪的「香料咖哩」是什麼？

章魚燒、大阪燒、串炸……大阪以獨特的飲食文化著稱。就像出現事先把咖哩醬汁和飯混在一起上桌的「混咖哩」一樣，大阪人的這種獨創性也充分發揮在咖哩上。

説到大阪的代表咖哩，應該就是「香料咖哩」了吧。2017 年，香料咖哩受到大阪人矚目後，2018 年風潮擴散至全日本。到了 2019 年，香料咖哩奠定地位，轉眼間就被視為咖哩的一種分野。

那麼，所謂的香料咖哩究竟是什麼樣的咖哩呢？

★ 貼近日本人味覺的香料咖哩

所謂的香料咖哩，顧名思義就是強調香料風味的創意咖哩。

最大的關鍵在於香料的「使用方式」。

香料咖哩不是將香料「溶入」醬汁，而是「灑」在醬汁上，用法獨特。

另一個重點是「和風」元素。

香料咖哩使用日式湯頭。湯頭中也會加入茶、山椒、山葵等調味，雖然是咖哩，卻徹底改良以符合日本人的口味。

香料咖哩的配菜也很值得注目。

同一只盤子裡配有沙拉或青菜，營養均衡也是香料咖哩獲得廣大民眾接納的重要因素。

不僅如此，多款咖哩醬汁和副菜的擺盤五彩繽紛，呈現「IG 打卡美食」的視覺風格。也有人認為，香料咖哩會大紅與它的賣相透過社群網路迅速傳播息息相關。

大阪和東京都有 100 間以上的外食店提供香料咖哩，以這兩大城

什麼是香料咖哩？

（照片提供：舊 YAMU 邸下北莊）

市為首，北海道、愛知、福岡、福島等地的餐廳也開始製作起香料咖哩。

北海道還發明了新種類的「札幌香料咖哩」，各地餐廳出現了配合在地特色調整原始做法的趨勢。

另外，像是好侍食品推出了「Spiceful Curry」，大型食品公司也開始販售香料咖哩產品。香料咖哩漸漸滲入一般家庭的餐桌。

★ 孕育香料咖哩的是大阪人的自由創意？

那麼，為什麼大阪會孕育出香料咖哩呢？其中的祕密就在於大阪人獨有的自由創意。

大阪有很多本業不是廚師（本來是音樂人、藝術家等）的人，因為追求自己想吃、喜歡吃的咖哩而開店，最後大受歡迎。

專業廚師難免容易受到既有觀念束縛，覺得「必須這樣做才行」，但自學料理的人想法沒有這種制約，正因為有更自由的創意，才會發明獨樹一格的咖哩。

此外，一般想開咖哩店得按部就班，存開店基金、尋找空店鋪、裝潢店面再開業。

然而，大阪有很多餐廳開在夜晚經營酒吧的店面，僅限白天營業，以彈性的經營模式起步。也是因為有這樣的背景，老闆們才能推出不顧一切的大膽菜色。

這種觀念也表現在餐廳的經營方針上。

像是因為做不出滿意的味道就休店或是營業時間極短等等，這些咖哩店老闆的經營方針就跟菜單內容一樣無拘無束。

這一切乍看之下似乎不合常理，但大阪就是能對這種事一笑置之的地方。

大阪的咖哩文化不囿於既有觀念，散發原創性。大阪人今後又會創造出什麼樣的咖哩呢？值得大家關注。

香料咖哩為什麼源於大阪？

自由的創意

不受限於常識的自由創意孕育了全新的咖哩。強調香料的同時使用日式湯頭，唯有打破「應該這樣做才對」的前提才能想出這種點子。

開創精神

不以如何重現印度或斯里蘭卡的正宗味道為目標，而是想將咖哩改良成日本人喜歡的口味。這種開創精神正是香料咖哩誕生的原點。

輕鬆開店

開設咖哩店伴隨著風險，因此，有越來越多餐廳向夜晚經營居酒屋、酒吧的老闆租借店面，採「分租」形式開店。大阪具有年輕廚師或其他產業的人更容易挑戰開餐廳的環境。

「咖哩飯」以全球規模的程度擴散嗎？

在日本發展出自己特色的咖哩（咖哩飯），如今是各國也積極品嘗的料理。

以不怎麼受印度咖哩文化影響的中國為例，中國人民過去頂多是炒菜時用咖哩粉調味或是喝咖哩口味的湯而已。

然而，如今在大城市的超市、雜貨店都能買到日式咖哩塊。

目前為止，好侍食品公司也在美國、中國、泰國、印尼、越南等五十多個國家和地區販售日本的咖哩塊。

如前所述，中國飲食中本沒有日式咖哩的存在。因此，食品公司首先致力於讓小孩子了解日式咖哩的味道，再慢慢將咖哩文化滲透整個國家。

★ 專屬產線製造的清真咖哩

向國外出口食品時，日本人不得不敏感的就是宗教禁忌。出口食品到伊斯蘭文化圈時，「清真認證」是不可避免的問題。

所謂清真認證，就是符合伊斯蘭教規範的食物。如同先前文章所見，伊斯蘭教禁吃豬肉，也不允許飲酒。

因此，穆斯林的咖哩塊不能放豬肉，也不能添加含有豬肉或酒精的調味料。

此外，由於工廠內的產線一旦處理過那些不符合戒律的產品便不能再使用，工廠製造伊斯蘭國家導向的商品時便會設置專屬產線。

好侍食品的海外商品

（照片提供：好侍食品）

美國

韓國

印尼

中國

海外商品的包裝和國內商品的設計並無太大差異。印尼有87.2%（外務省統計）的人口信奉伊斯蘭教，因此，販售給印尼的咖哩是依伊斯蘭法規標準妥當處理的清真咖哩。

★ 前進世界的日本咖哩飯

咖哩餐廳在海外展店也是一帆風順。

以「Curry House CoCo 壱番屋」開展連鎖店的壱番屋，1994 年於夏威夷歐胡島開設第一間海外分店，之後陸續在亞洲和美國展店。

展店時，比起當地人平常有沒有吃咖哩，重點應該是當地「是否有米飯文化」（CoCo 壱番屋，廣宣）。如前所述，壱番屋在咖哩文化不怎麼普及的中國也有開店，成功將日式咖哩推廣開來。

2018 年，壱番屋於倫敦開設了歐洲 1 號店。說起英國，是將咖哩帶到日本的國家，壱番屋此舉正是所謂的「逆輸出」。

接下來，壱番屋預計要在咖哩的發祥地印度開店。今後，日式咖哩或許會擴展到全世界也不一定呢。

日本國內的清真認證專賣店。照片為 CoCo 壱番屋東京秋葉原店。（已結束營業）

Curry House CoCo 壱番屋的海外店舖

（照片提供：壱番屋）

英國

越南

新加坡（已結束營業）

結語

承蒙咖哩業界和媒體給予我「咖哩界第一把交椅」的稱號已經過了 20 年，實在是十分感謝。

關於咖哩，我有自信在日本業界中擁有頂尖的知識。

一年 365 天，一天 24 小時，我無時無刻不想著咖哩，將時間分配給學習新知、開發商品、企畫專賣店、烹調和到處品嘗，過著被咖哩圍繞的生活。

撰寫書籍也是其中一環。

市面上關於咖哩的書籍大多是食譜或是咖哩店的介紹，我自己也參與許多這類書籍的製作。

不過，像本書一樣以咖哩歷史和文化為主題的書卻不多。即使有，也幾乎是論文或學術書籍，總給人一種「難以親近」的印象。

因此我思考著，能不能做一本「簡明易瞭、讓任何人都可以在輕鬆閱讀中輕易理解的書籍」，而開始寫起這本書。

然而，寫書計畫開始進行後，我必須重新學習世界史和日本史、地理與咖哩之間的關連，是項十分艱困的工程。

我比從前閱讀、涉獵了更多的文獻，徵詢相關領域專家的意見，一個人展開調查。但越學習越深深感受到自己還有許多不了解的研究領域。
尤其是歷史部分，經常遇到文獻不足的情況，為了調查什麼說法才正確（具有可信度），花費了相當多的時間。
或許，除了我在書中介紹的論點，人們將來也會找到其他可信的論述。
儘管煩惱糾結，但我再次體會到咖哩是種充滿魅力的食物。如果各位能透過本書感受到這份辛勞的些許成果，將會是我的無比榮幸。

最後，衷心祝願大家眼前的這盤咖哩飯會比以往更加優質美味。

參考文獻

本書撰寫時的參考資料如下：

書籍

- 《スパイス完全ガイド》ジル・ノーマン（著）
／長野ゆう（譯） 山と渓谷社
- 《スパイスの人類史》アンドリュー・ドルビー（著）
／樋口幸子（譯） 原書房
- 《トウガラシ大全》スチュアート・ウォルトン（著）
／秋山勝（譯） 草思社
- 《とうがらしマニアックス》とうがらしマニアックス編集部
山と渓谷社
- 《スパイスの科学》武政三男 河出文庫
- 《スパイスの人類史》アンドリュー・ドルビー（著）
／樋口幸子（譯） 原書房
- 《スパイス物語》井上宏生 集英社文庫
- 《カレーの基礎知識》枻出版社編集部 枻出版社
- 《スパイス物語》碧海酉茜、大澤俊 、香村央子 ジュリアン
- 《ヒンドゥー教とインド社会》山下博司 山川出版社
- 《世界のカレー図鑑》ハウス食品（監修） マイナビ出版
- 《食の図書館 カレーの歴史》コリーン・テイラー セン（著）
／竹田円（譯） 原書房
- 《みんな大好き！カレー大百科》森枝卓士（監修） 文研出版
- 《カレーライスと日本人》森枝卓士 講談社学術文庫
- 《カレー学入門》辛島昇、辛島貴子 河出文庫
- 《カラー版 インド・カレー紀行》辛島昇 岩波ジュニア新書
- 《世界の食文化８ インド》磯千尋、小磯学 農山漁村文化協
- 《インドカレー伝》リジー・コリンガム（著）
／東郷えりか（譯） 河出文庫
- 《ムガル皇帝歴代誌》フランシス・ロビンソン（著）
／月森左知（譯） 創元社
- 《日本人はカレーライスがなぜ好きなのか》井上宏生 平凡社新書
- 《黄金郷に憑かれた人々》増田義郎 NHK ブックス
- 《カレーライスの誕生》小菅桂子 講談社学術文庫
- 《スパイスの活用超健康法》川田洋士（著）、武政三男（監修）
フォレスト出版

- 《地球の歩き方 マカオ 2012～2013年版》地球の歩き方編集室 ダイヤモンド・ビッグ社
- 《カレーの雑学》井上岳久 日東書院本社
- 《CURRY BIBLE》井上岳久 ごきげんビジネス出版
- 《カレー大學 受講テキスト》井上岳久 カレー大學

論文

- 〈インドの軍事的特性〉矢野義昭 日本安全保障戦略研究所
- 〈インドにおける畜産と宗教・文化の影響〉神谷信明 岐阜市立女子短期大学紀要
- 〈アーユルヴェーダについて〉日高なぎさ 大阪産業大学人間環境論集
- 〈香辛料の機能性成分〉中谷延二 生活科学研究誌／大阪市立大学大学院生活科学研究科・生活科学部《生活科学研究誌》編集委員会編
- 〈コロンブスの航海について〉山本一清 天界=The heavens
- 〈植民地国家における経済構造の形成と展開〉（南アジア研究） 水島司 南アジア研究
- 〈カレーに関する一考察〉木下賀律子 豊橋創造大学短期大学部研究紀要
- 〈大航海時代のスペイン―コロンブスの思想と行動を中心に〉 立石博高 同志社大学公開講演会

網站

- 「NHK 高校講座 ムガル帝国からインド帝国へ」水島司
  https://www.nhk.or.jp/kokokoza/tv/sekaishi
- 「世界史の窓」Y-History 教材工房
  https://www.y-history.net
- 「アーユルヴェーダライフ」ライフソリューションズ株式会社
  https://www.ayurvedalife.jp
- 「知ってた？カレーは“おいしい”漢方薬」日経 Gooday
  https://gooday.nikkei.co.jp/atcl/report/16/082300054/082500001
- 「How to Eat with Your Hand Indian-Style」tripsavvy
  https://www.tripsavvy.com/eat-with-your-hands-indian-style-1539439

- 「DTAC 観光情報局」ベトナム、スリランカ
  http://www.dtac.jp
- 「SENSE MACAO」マカオ観光局
  http://www.sensemacao.jp/
- 「South Africa」南アフリカ観光局
  http://south-africa.jp/
- 「香辛料とは」、「香辛料の分類と特 」全日本スパイス協
  http://www.ansa-spice.com/index.html
- 「スパイス＆ハーブ事典」エスビー食品
  https://www.sbfoods.co.jp/
- 「ハウスの出張授業」、「カレーハウス」ハウス食品
  https://housefoods.jp
- 「コロンブスを航海に向かわせた、トウガラシをめぐる冒険」
  ナショナルジオグラフィック
  https://natgeo.nikkeibp.co.jp/nng/article/20141114/424538/
- 「コロンブスがトウガラシを『ペッパー』と呼んだ意外な理由」THE21
  https://shuchi.php.co.jp/the21/detail/5344?p=1
- 「世界の美本ギャラリー」京都外国語大学付属図書館
  https://www.kufs.ac.jp/toshokan/gallery/gallery.htm
- 「日本の学生を教導したクラーク博士とカレーライス」キリンホールディングス
  https://wb.kirinholdings.com/about/activity/foodculture/18.html
- 「カレーライス誕生秘話、国民食は海軍軍医が健康のために発案した」
  ダイヤモンドオンライン
  https://diamond.jp/articles/-/170324
- 「胡椒の歴史」日本胡椒協会
  https://kosho-kyokai.com/history/
- 「包装技術ねっと」豊ファインパック株式会社
  http://www.housougijutsu.net/
- 「金沢カレーとは？」金沢カレー協会
  https://kanazawacurry-kyokai.com
- 「月報 野菜情報」独立行政法人農畜産業振興機構
  https://vegetable.alic.go.jp/yasaijoho/index/yasai/index.html

其他

- 「地域別に見た食の特徴」農林水産省
- 「食習慣の観点から見たインド市場参入可能性の調査研究」農林水産省
- 「訪都外国人旅行者 インバウンド対応ガイドブック」東京都
- 「北海道の農産物食材カタログ」国土交通省
- 「タイという国ー日タイ修好 130 周年」外務省
- 「アジア地域における『香辛料・ハーブ』の利用に関する国際比較研究」
- 岡光信子 東北大学大学院

另外，本書也採訪了以下企業、店家。
感謝所有人的協助與寶貴的意見。※ 排列無特定順序

好侍食品／愛思必食品／日本雀巢／蜂食品股份有限公司／
Bell 食品工業／中村屋／ Nair's Restaurant ／ Nair 商會／
大塚食品／壱番屋

咖哩的世界史

從印度出發到各國餐桌，日本最受歡迎國民料理的進化故事

カレーの世界史

作　　者　井上岳久
譯　　者　洪于琇
裝幀設計　黃畇嘉
責任編輯　王辰元

發 行 人　蘇拾平
總 編 輯　蘇拾平
副總編輯　王辰元
資深主編　夏于翔
主　　編　李明瑾
行銷企畫　廖倚萱
業務發行　王綬晨、邱紹溢、劉文雅

出　　版　日出出版
新北市231新店區北新路三段207-3號5樓
電話：（02）8913-1005 傳真：（02）8913-1056
發　　行　大雁出版基地
新北市231新店區北新路三段207-3號5樓
24小時傳真服務 （02）8913-1056
Email：andbooks@andbooks.com.tw
劃撥帳號：19983379　戶名：大雁文化事業股份有限公司

二版一刷　2024年10月
定　　價　450元
I S B N　978-626-7568-19-4
I S B N　978-626-7568-17-0（EPUB）

國家圖書館出版品預行編目 (CIP) 資料

咖哩的世界史：從印度出發到各國餐桌，日本最受歡迎國民料理的進化故事 / 井上岳久著 ; 洪于琇譯 . -- 二版 . -- 新北市：日出出版：大雁文化事業股份有限公司發行 , 2024.10
面 ; 公分 .--
譯自：カレーの世界史
ISBN 978-626-7568-19-4（平裝）
1. 香料 2. 飲食風俗 3. 歷史

463.48 113013982

カレーの世界史 by 井上 岳久

First Published in Japan 2020
Published by SB Creative Corp. Tokyo, JAPAN